Scratch 3.0 艺术进阶

/ 邱永忠 著 /

电子工业出版社
Publishing House of Electronics Industry
北京·BEIJING

内 容 简 介

本书共有四篇。

入门篇，介绍流程图的概念，画笔指令原理，学习运用数学公式绘制图形。

特效篇，介绍运用画笔实现动态的特效，包括流星、烟花、喷泉、下雨等案例。

游戏篇，介绍使用画笔实现独特、炫酷的游戏，包括钓鱼、天罗地网、切木条和巧匠建塔等案例。

进阶篇，介绍更为深入的程序实现方法，如递归算法、数学公式运用及模块化的程序架构等，包括树、湖光倒影等案例。

未经许可，不得以任何方式复制或抄袭本书之部分或全部内容。
版权所有，侵权必究。

图书在版编目（CIP）数据

Scratch 3.0 艺术进阶 / 邱永忠著 . —北京：电子工业出版社，2020.7
ISBN 978-7-121-39248-1

Ⅰ．①S… Ⅱ．①邱… Ⅲ．①程序设计 Ⅳ．① TP311.1

中国版本图书馆 CIP 数据核字（2020）第 123437 号

责任编辑：毕军志　　文字编辑：宋昕晔
印　　　刷：北京盛通印刷股份有限公司
装　　　订：北京盛通印刷股份有限公司
出版发行：电子工业出版社
　　　　　北京市海淀区万寿路 173 信箱　邮编　100036
开　　本：787×1 092　1/16　印张：9　字数：177.6 千字　彩插：1
版　　次：2020 年 7 月第 1 版
印　　次：2020 年 7 月第 1 次印刷
定　　价：65.00 元

凡所购买电子工业出版社图书有缺损问题，请向购买书店调换。若书店售缺，请与本社发行部联系，联系及邮购电话：（010）88254888，88258888。

质量投诉请发邮件至 zlts@phei.com.cn，盗版侵权举报请发邮件至 dbqq@phei.com.cn。

本书咨询联系方式：（010）88254416。

前言

原天地之美，而达万物之理。

——庄子

科学研究表明，人的大脑分为左脑和右脑。左脑偏向理性思维，负责语言、分析、计算、推理、逻辑等，称为"知性脑"；右脑偏向感性思维，负责音乐、图形、感情，以及想象力和创造力，称为"艺术脑"。

丰富多彩的生活，既需要科学和逻辑，也离不开艺术和想象力。在许多人的印象中，艺术与编程完全是风马牛不相及的两类事务。本书将编程与数学、美学相结合，颠覆习惯性认知，以一个任务引领，借助数学公式，建立起思维模型，拓宽视野，创造出意想不到的美。

Scratch 这支具有丰富创造力的神来之笔，魔术般地创造出一系列动态图形，模拟出各种绚丽的特效——划过夜空的流星、缤纷绽放的烟花、伴音乐起舞的喷泉、随风潜入夜的春雨，等等。

Scratch 还可以开启自制游戏的第一次尝试，跟着小猴垂钓海上，追随小女巫寻找金钥匙，在舞台上表演切木条的小把戏，在草坪上玩建塔游戏，等等。

艺术就像给图形化编程插上了想象的翅膀，数学则帮助孩子们对无与伦比的美逐步抽丝剥茧，引领我们的下一代踏上永无止境的进阶之路。

邱永忠

使用说明

本书用到的图片素材，可扫描下方二维码，下载压缩包，解压后打开"上传角色图片"文件夹，需要时在程序中上传相应图片。

本书图片中的代码，在压缩包的"代码参考答案"文件夹中，可根据任务序号或图名找到相应代码。例如，"任务 19 设计一个钓鱼游戏"对应的就是钓鱼游戏的代码，可在 Scratch 程序中上传，观看完整代码。

★ 如果您有任何问题或意见，请发邮件到 songxy@phei.com.cn。

图片和代码素材

课程小助手

目 录

第1篇 入门篇 ··001

1.1 流程图 ··002

1.2 "画笔"模块初探 ··004
  任务1 绘制一条线 ··005

1.3 正多边形的绘制 ··010
  任务2 绘制一个正方形 ··010
  任务3 绘制一个正多边形 ···012

1.4 圆和椭圆 ··017
  任务4 已知圆心的坐标和半径,绘制一个圆 ································017
  任务5 制作一个绘制圆的自制积木 ··020
  任务6 调用自制积木 ··023
  任务7 绘制一个椭圆 ··024

1.5 笛卡儿爱心 ···029
  任务8 自制"笛卡儿"积木,绘制心形线 ···································029
  任务9 绘制动态心形线 ··031
  任务10 绘制一个不断增大的实心爱心 ·······································034
  任务11 绘制一个四叶草图案 ··035

第2篇 特效篇 ··039

2.1 流星 ··040
  任务12 绘制一条碰到边缘即停止的动态直线 ······························040
  任务13 绘制一颗划过夜空的流星 ··041

2.2 烟花 ··044
  任务14 制作手持烟花 ··044
  任务15 制作礼花弹 ··050

2.3 喷泉 ··056

v

　　　　任务 16　制作一个单喷嘴喷泉 ··· 056
　　　　任务 17　制作可声控或鼠标控制的多喷嘴喷泉 ·· 060
　2.4　雨中的节奏 ·· 065
　　　　任务 18　绘制雨滴落在地面上积水处，激起涟漪的画面 ··· 065

第 3 篇　游戏篇 ·· 071

　3.1　钓鱼 ·· 072
　　　　任务 19　设计一个钓鱼游戏 ··· 072
　3.2　天罗地网 ·· 083
　　　　任务 20　设计一个小精灵找金钥匙的游戏 ·· 083
　3.3　切木条 ··· 089
　　　　任务 21　设计一个切木条的游戏 ·· 089
　3.4　巧匠建塔 ·· 103
　　　　任务 22　设计一个建塔游戏 ··· 103

第 4 篇　进阶篇 ·· 117

　4.1　树 ··· 118
　　　　任务 23　用画笔绘制一棵树 ··· 118
　4.2　湖光倒影 ·· 122
　　　　任务 24　绘制一条动态正弦曲线 ·· 123
　　　　任务 25　绘制长方形及其倒影 ·· 128
　　　　任务 26　绘制组合风景画 ·· 134

第 1 篇
入门篇

逻辑、数学、图形、编程,它们之间有何联系?
一起来用流程图表述逻辑,
开动脑筋,透视数学公式背后的秘密……

1.1 流程图

1. 流程图的概念

流程图（Flow Chart），是一种用规定的符号表示程序执行过程的图，如图1-1所示。除了程序设计，生活中其他领域也常用到流程图，绘制流程图是设计程序必备的技能。

2. 流程图的优点

（1）流程图可以清晰地描述程序执行的过程。流程图非常直观和系统，便于看出程序执行的过程，它比用编程语言描述更高效、精准。

（2）流程图易于交流和沟通。计算机语言多种多样，除了 Scratch，还有如 C/C++、Python、Java 等不同的编程语言，但流程图对所有编程语言都是相通的，通过流程图，可以透视任何一种编程语言的程序架构和思路，也可以根据流程图编写代码。

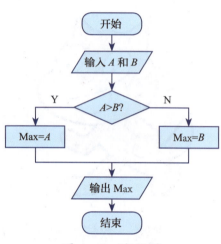

图 1-1　流程图

3. 常用的流程图符号

常用的流程图符号如图1-2所示。

符号	名称	含义	对应 Scratch 指令举例
	起止框	代码的开始和结束位置	当▶被点击　当接收到 消息1▼
	执行框	执行指令	移动 10 步　播放声音 喵▼ 将 我的变量▼ 设为 0
	判断框	判断一个条件是否成立，来确定程序走向	如果〈　〉那么 如果〈　〉那么 否则
	输入/输出框	输入数据和输出结果	询问 What's your name? 并等待 说 你好!
↓	流程线	表示程序执行的方向	

图 1-2　常用的流程图符号

4. 绘制流程图的注意事项

（1）流程线的箭头不能少，它表示程序执行的方向。

（2）判断框须从上角进入，可以从左右和下方任意两个角引出，必须且只能从两个角引出，因为一个条件的判断结果只有"真"和"假"两种。两条引出线应注明哪个是真，哪个是假，可以用"Y"（Yes）/"N"（No）或"T"（True）/"F"（False）注明，如图 1-3 所示。

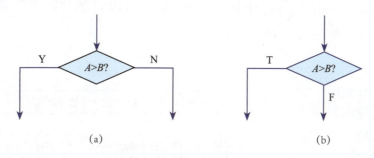

图 1-3　绘制流程图

图 1-1 中的流程图所表示的程序是当输入两个数 A 和 B 时，程序会比较 A 和 B 的大小，并输出较大的数。

（3）在绘制流程图时，如果执行框内的内容是顺序执行的，并且前后顺序不重要，为了精炼和清晰，可以写在一个框内，无须一条指令占用一个执行框。

绘制流程图的目的是展现整个程序的结构。

5. 根据流程图编写 Scratch 程序

根据图 1-1 所示的流程图编写 Scratch 程序，如图 1-4 所示。

图 1-4　根据流程图编写 Scratch 程序

1.2 "画笔"模块初探

Scratch 的"画笔"模块可以执行落笔、抬笔动作,还可以变换颜色,像一支彩色的笔。

Scratch 3.0 的"画笔"模块隐藏在扩展模块中。单击左下方的"添加拓展"按钮，在弹出的拓展界面中选择"画笔",可以看到"画笔"模块被添加到了模块区的下方,如图1-5所示。

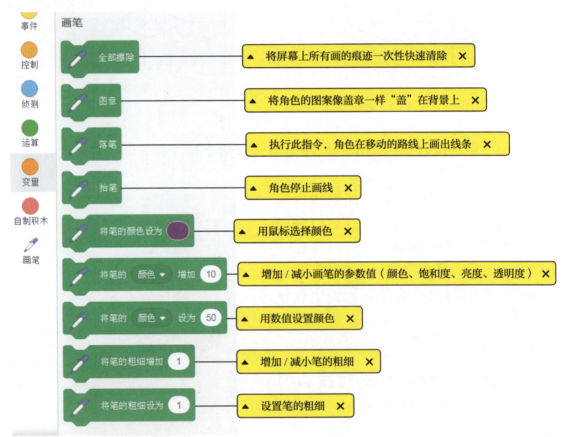

图1-5 "画笔"模块

设置画笔颜色有两种模式,鼠标选择模式和数值设置模式。当用鼠标选择模式积木 设置颜色时,单击色块后出现三个色条,分别用于调节颜色、饱和度和亮度,可以用鼠标拖动白色的圆块来调节颜色,如图1-6(a)所示,调节后的颜色可以立即看到。由于这三个参数都可以设置具体的数值,因此 Scratch 也提供了用数值设置模式设置颜色的积木:

单击积木的下拉菜单，可以看到如图 1-6（b）所示的指令选项。运用这些指令，可以设置颜色、饱和度、亮度及透明度的具体数值。

一般来说，鼠标选择模式适用于快速设定画笔颜色，而当颜色、饱和度或亮度的数值需要按规律变化，或颜色要作为自制积木参数时，要选用数值设置模式。

为方便识别，本书约定鼠标选择模式为"将笔的颜色设为"积木，数值设置模式为"将笔的颜色设为（ ）"积木，以示区分。

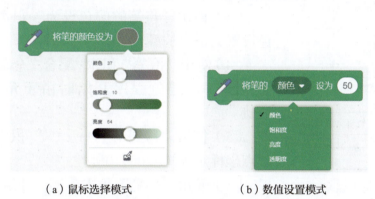

（a）鼠标选择模式　　　　（b）数值设置模式

图 1-6　画笔颜色设置模式

任务 1　绘制一条线

【艺术效果】

如图 1-7 所示为画线效果。这条线的起点位置坐标为（-200, 0），终点位置坐标为（200, 0）。

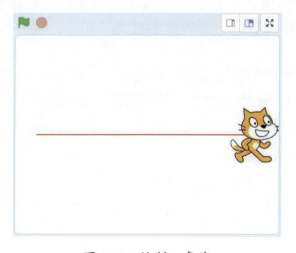

图 1-7　绘制一条线

Scratch 3.0 艺术进阶

【实现步骤】

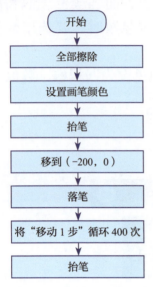

图1-8 任务1流程图

如图1-8所示为任务1程序设计的流程图。

（1）使用"当 ▶ 被点击"积木，启动程序。

（2）使用"全部擦除"积木，清空屏幕。在程序初始化时，可将积木"全部擦除"和"抬笔"配合使用，清除画板痕迹，养成良好的编程习惯。

（3）使用"将笔的颜色设为"积木，将画笔颜色设置为适合的颜色。

（4）使用"抬笔"积木，配合"全部擦除"积木，清空屏幕，避免程序开始时由于角色移动留下痕迹。

（5）使用"移到 x:（） y:（）"积木，将画线的起点坐标定为（-200，0）。

（6）使用"落笔"积木落笔，开始绘制。

（7）使用"重复执行（）次"积木，设置循环次数为"400"，即使用"移动（）步"积木400次，并设定参数为"1"。循环400次，即从起点坐标（-200，0）处移动400步，此时角色坐标就是终点坐标（200，0）。

（8）使用"抬笔"积木，结束绘制。

【代码总览】

如图1-9所示为任务1程序设计的代码总览。

落笔后使用"移到 x:（） y:（）"积木，将角色移到坐标位置（200，0），或使用"移动（）步"积木，并设定参数为"400"，也可以画出同样的直线，而且是瞬间完成。

为了将画线过程显示得更清晰，修改程序：如图1-10所示，把画笔变粗，将"颜色"值从"0"开始，每走1步"颜色"值增加"1"，颜色值逐渐增加，绘制出的线变成一条彩虹线。

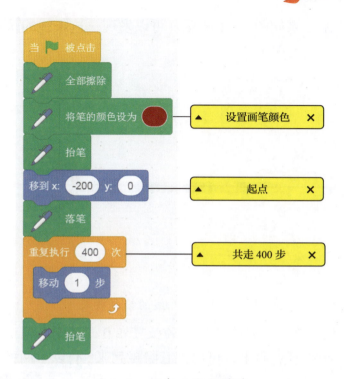

图 1-9　任务 1 代码总览

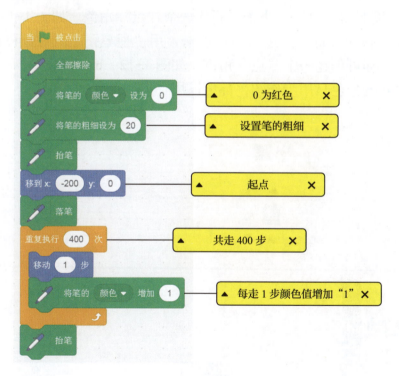

图 1-10　绘制彩虹线

彩虹线的绘制效果如图 1-11 所示。可以发现，这条线的颜色以"红橙黄绿青蓝紫"的顺序重复出现了 4 次。

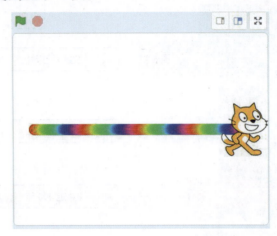

图 1-11 彩虹线的绘制效果

注：颜色、饱和度、亮度和透明度的值可在 0 ～ 100 之间选择。

在画图时，小猫有点碍事，可以把它隐藏起来，有以下两种方法来实现。

方法一：在任务 1 的代码 [当▶被点击] 下插入"外观"模块代码 [隐藏]。

方法二：删除角色 1——小猫，新建一个"点"角色。如图 1-12（a）所示，单击"绘制"按钮，打开"造型"选项卡，用"画笔"工具在绘图区的中心点上单击一下，即可创建一个"点"角色，如图 1-12（b）所示。

如果创建的角色只用于作图，都可以用"点"角色来实现。

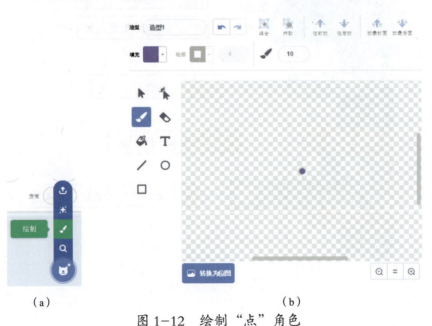

（a） （b）

图 1-12 绘制"点"角色

【思路拓展】

填充一个亮度渐变的蓝色长方形区域，区域大小为 100×100，如图 1-13 所示。方法：每画好一条横线，就将 y 坐标增加 1，同时变化画笔亮度，重复执行 100 次。代码总览如图 1-14 所示。

图 1-13 渐变效果

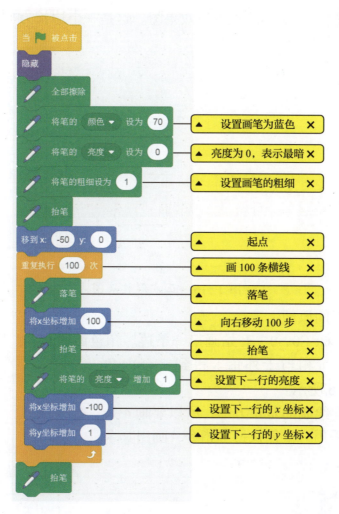

图 1-14 绘制亮度渐变区域

1.3 正多边形的绘制

▶ 任务2 绘制一个正方形

【艺术效果】

如图1-15所示为绘制的正方形效果图。这是一个边长为100的正方形，其轮廓线是宽为1的红色线条。

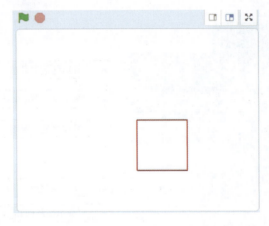

图1-15 正方形效果图

绘制正方形的原理：

（1）从坐标（0，0）开始画第一条边。角色面向90°，移动步数为边长100。旋转90°（相当于外角）得到一个内角90°，如图1-16所示。

（2）因为要绘制的是正方形，所以要画4条同样的边。可采用"重复执行"指令，画出其余3条边。

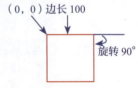

图1-16 绘制正方形的原理

【实现步骤】

绘制正方形的流程图如图1-17所示。

（1）使用"当 ▶ 被点击"积木，启动程序。

（2）使用"全部擦除"积木，清空屏幕。

（3）使用"抬笔"积木，避免程序开始时由于角色移动而留下痕迹。

（4）设置画图的起点位置和方向。使用"移到x：（ ）y：（ ）"积木，将画线的起点坐标定为(0,0)。使用"面向( )"积木，设置角色的运动方向。

（5）使用"将笔的颜色设为"积木，将画笔的颜色设为合适的颜色。

（6）使用"将笔的粗细设为( )"积木，将画笔的粗细设为"1"。

（7）使用"落笔"积木落笔，开始绘制。

（8）使用"重复执行( )次"积木，设置循环次数为"4"，即重复执行步骤（9）至步骤（10）4次，循环结束后执行步骤（11）。

（9）使用"移动( )步"积木，并设定参数为"100"，即每次移动100步。

（10）使用"右转( )度"积木，并设定参数为"90"，即旋转90°（正方形的四个外角均为90°）。

（11）使用"抬笔"积木，结束绘制。

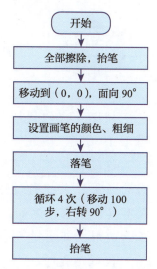

图1-17 绘制正方形的流程图

【代码总览】

任务2的代码总览如图1-18所示。

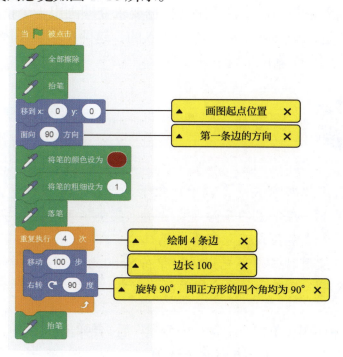

图1-18 任务2的代码总览

知识点 —— 循环结构的优势

循环4次的代码用8条顺序指令也能完成，如图 1-19 所示。

这段代码完全可以实现与图 1-18 中循环结构相同的效果，其执行过程更直观，也容易理解。但是如果有具体要求，例如，绘制一个边长为 150 的正五边形、正六边形、正 n 边形，代码就会过于冗长。

代码不是唯一的，编写出易于阅读、便于拓展、简洁高效的代码是程序设计的方向。

用循环结构可以更简捷地实现任务 2 要求的功能。

图 1-19　8条顺序指令

▸ 任务 3　绘制一个正多边形

通过键盘输入边数、边长，程序能根据要求立即画出一个正多边形。

边数、边长这两个参数是通过键盘输入的，这两个参数不固定，是变化的，因此这里需要用到一个新的概念——变量。

知识点 —— 变量

变量，可以想象成一个盒子，盒子里可以放置东西。盒子有一个名称即变量名，盒子里的东西即变量值。变量值可以是数字、字符等。变量名和变量值是变量的基本属性。

变量在使用时必须事先声明，即在 Scratch 里新建一个变量，并给它起一个名字，且变量命名应遵循便于分类、检索的原则。

在"变量"模块中，单击"建立一个变量"后，会弹出如图 1-20 所示的对话框，输入新变量名"边数"，其下方有两个选项。

> **适用于所有角色**：所有的角色包括背景，都可以访问（读/写）这个变量，即"公有变量"。

> **仅适用于当前角色**：只有当前角色能访问这个变量，即"私有变量"。

根据程序需求，新建变量选择"适用于所有角色"。程序执行后，会弹出如图1-21所示的提示框。通过键盘输入一个数，如"5"，即绘制一个五边形。

图1-20 建立一个变量

图1-21 提示框

对于一个正 n 边形，n 条边循环 n 次很好理解，那么旋转的角度如何确定呢？旋转的角度等于正多边形的外角角度，凸多边形的外角和都是360°，因此应该旋转 $(360 \div n)°$，用积木  来表示。

【实现步骤】

绘制正多边形的流程图如图1-22所示。

（1）新建变量"边数"和"边长"，并单击变量前的方框 ，隐藏变量。

（2）新建一个"点"角色。

（3）使用"当 ▶ 被点击"积木，启动程序。

（4）使用"隐藏"积木，将"点"角色隐藏起来。

（5）使用"询问（）并等待"积木，分别将内容设置为"请输入边数"和"请输入边长"，舞台上会出现提示框，询问"边数"和"边长"。

图1-22 绘制正多边形的流程图

（6）通过键盘输入"边数"和"边长"，并使用"将我的变量设为（）"积木和"回答"积木，将键盘输入的值分别放在变量"边数"和"边长"中。

（7）参考正方形的绘制方法，按照要求绘制正多边形。对于不同边数和边长的正多边形，循环次数、移动的步数和旋转的角度也不相同。

【代码总览】

绘制正多边形的代码总览如图 1-23 所示。

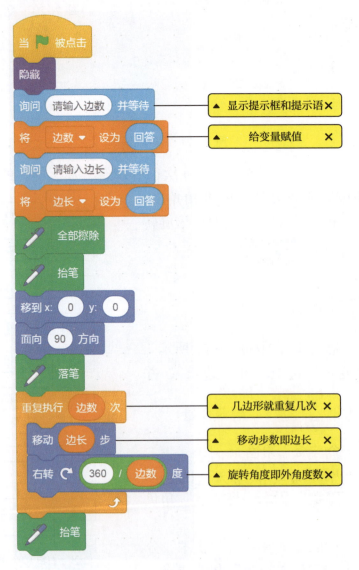

图 1-23 绘制正多边形的代码总览

如果输入边数为 6，边长为 80，即可绘制出一个正六边形。

绘制正多边形代码的核心就在循环部分，通过设置变量和合理的循环结构，可以实现任意正多边形的绘制，这里运用了几何知识，几条简单的代码通过巧妙地组合，实现了一个复杂的功能，这就是程序思维，是编程的魅力所在，编程不是指令的简单堆砌，而是重在学习编程思路。

【思路拓展】

任务 3 完成了一个正多边形的绘制，它初始面向的方向是 90°。每当完成一个正多边形的绘制后，变化一次方向，循环绘制多个正多边形，围成一周，就能出现一个漂亮的组合图案了。

如何计算循环次数呢？例如，每绘制完一个正多边形后，旋转 15°，那么画一圈，需要画 360÷15=24（个）正多边形。

将图 1-23 的代码改进一下，增加一个外围循环指令和一个旋转指令就可以得到如图 1-24 所示的组合图案。

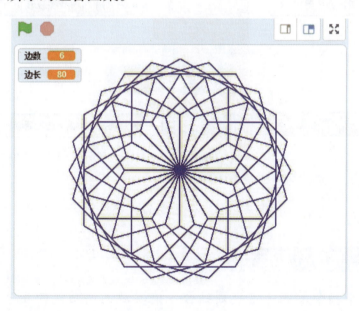

图 1-24　组合图案

【代码总览】

组合图案的代码总览如图 1-25 所示。

Scratch 3.0 艺术进阶

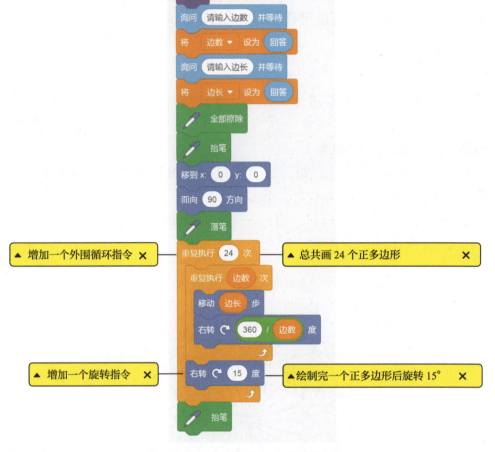

图1-25 组合图案的代码总览

【"老司机"留言】

程序是若干指令按照一定规则结合，能实现某些功能的指令集，就好比用一些原料来做菜。一个程序主要包含两方面的信息。一方面是数据结构，即用到哪些数据，数据的类型和组织形式就好比做菜要用的原料。另一方面是算法，即实现过程，就好比做菜的方法和步骤。

计算机科学家沃思（N. Wirth）提出了一个公式：程序=数据结构+算法。

编程就是一个使用合理的数据结构、合理的算法实现设计思想的过程。算法在程序设计中占有重要地位，就好比去学校上学，可以走路去、骑车去或坐车去，不同的上学方式就是不同的算法，显然算法是有优劣之分的，正如本节所学的正多边形绘制，采用循环结构的算法就比顺序执行的算法更加简便。

1.4 圆和椭圆

任务 4　已知圆心的坐标和半径，绘制一个圆

【艺术效果】

运行程序时，按提示依次输入 50，50，100，表示以（50，50）为圆心，绘制一个半径为 100 的圆，如图 1-26 所示。

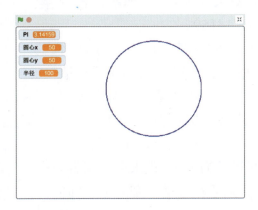

图 1-26　绘制一个圆

知识点 —— 绘制圆的原理

一个半径为 r 的圆，其周长为 $2\pi r$，其中 π 为圆周率，$\pi = 3.14159\cdots\cdots$

如图 1-27 所示，把一个圆当成边数很多的正多边形，如 360 边形。先将画笔移动到已知的位置作为圆心，然后向右移动半径长度，接着面向 180°方向，循环 360 次。每次旋转 1°，每次移动的步数是（周长÷360），即（$2\pi r \div 360$）。这本质上还是一个正 360 边形，因为边数很多，绘制出来的图形与圆非常接近。

图 1-27　旋转方向

【实现步骤】

绘制圆的流程图如图 1-28 所示。

（1）新建四个变量：PI、圆心 x、圆心 y、半径，并隐藏变量。

（2）新建一个"点"角色。

（3）使用"当 ▶ 被点击"积木，启动程序。

（4）使用"隐藏"积木，将"点"角色隐藏起来。

（5）使用"将我的变量设为（ ）"积木，将变量 PI 设为常数 π，π=3.14159。

（6）使用"询问（ ）并等待"积木，分别将内容设置为"请输入圆心 x"、"请输入圆心 y"和"请输入圆的半径"，舞台上会依次出现提示框，分别询问"圆心 x"、"圆心 y"和"半径"。

（7）通过键盘输入"圆心 x"、"圆心 y"和"半径"，并使用"将我的变量设为（ ）"积木和"回答"积木，将键盘输入的值分别放在变量"圆心 x"、"圆心 y"和"半径"中。

（8）使用"全部擦除"积木和"抬笔"积木，清空屏幕。

图 1-28 绘制圆的流程图

（9）使用"移到 x：（ ）y：（ ）"积木，将角色移到坐标位置（圆心x，圆心y）处。

（10）使用"将 x 坐标增加（ ）"积木，设置参数为变量"半径"，即将 x 坐标增加半径长度。

（11）使用"面向（ ）方向"，将参数设为"180"，即面向 180°方向，这一指令用于设置角色的运动方向。

（12）使用"落笔"积木落笔，开始绘制。

（13）使用"重复执行（ ）次积木"，设置循环次数为"360"。在"重复执行"循环代码中，使用"移动（ ）步"积木，设定参数为（2πr÷360），即每次移动（2πr÷360）步；使用"右转（ ）度"积木，设定参数为"1"，即右转 1°。

（14）使用"抬笔"积木，结束绘制。

【代码总览】

绘制圆的代码总览如图 1-29 所示。

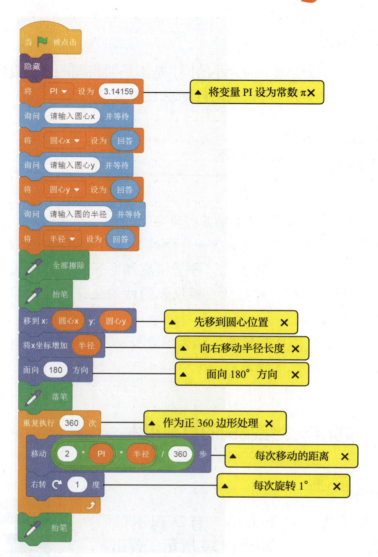

图 1-29 绘制圆的代码总览

知识点 —— 变量的优势

编程时常把一些常量定义为变量,在代码中有这个常量出现时就可以调用相关变量,便于修改。例如,将常数 π 设为变量"PI" 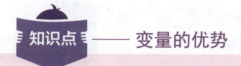,是不是比每个位置都写一遍"3.14159"方便得多?如果将常数 π 误写为"3.18",只须在变量中修改数值即可修改整个程序中 π 的值。

Scratch 3.0 艺术进阶

【思路拓展】

如果想在不同位置绘制不同大小的圆,是不是要将圆的代码复制许多遍呢?目前的方法还是不够方便,可以采用自制积木来实现。

知识点——自制积木

"函数(Function)"是实现某种特定功能的一个子程序。在程序设计中函数运用十分广泛,通常将一个复杂的程序分成若干个程序模块,每个模块实现一个确定的功能,每个模块相对独立,通过模块之间的相互协作实现整个程序的功能,模块化的结构使得程序结构清晰,易于阅读和维护。

Scratch 3.0 的"自制积木"让使用者可以自己制作一些新的积木,就像子程序一样,便于调用。

任务 5 制作一个绘制圆的自制积木

【实现步骤】

(1)单击模块区左下方的"自制积木",单击"制作新的积木",如图 1-30 所示,弹出如图 1-31 所示的对话框。

一个自制积木可以有参数,也可以没有参数。绘制圆的积木是否需要参数呢?如同积木 移动 10 步那样,移动的步数可以自己设置,绘制圆的积木需要根据要求设置圆心坐标和半径,因此这里需要使用参数。

(2)添加三个参数:圆心 x、圆心 y 和半径。

① 单击"添加文本标签",并将内容改为"画圆 圆心 x"。单击"添加输入项(数字或文本)",并将内容改为"x"。

图 1-30 制作新的积木

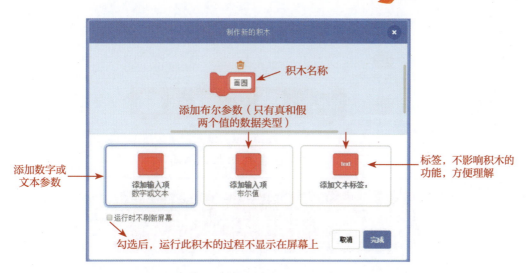

图 1-31 "制作新的积木"的对话框

② 单击"添加文本标签",并将内容改为"圆心 y"。单击"添加输入项(数字或文本)",并将内容改为"y"。

③ 单击"添加文本标签",并将内容改为"半径"。单击"添加输入项(数字或文本)",并将内容改为"半径"。

如图 1-32 所示,单击"完成"按钮,即完成了自制积木的制作。

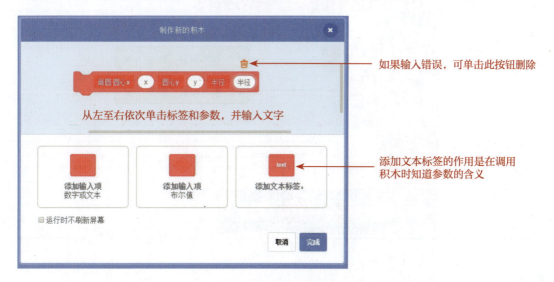

图 1-32 制作绘制圆的积木

(3)创建完成后,可以看到自制积木出现在指令区,如图 1-33 所示。
(4)在程序区,则会出现一个如图 1-34 所示的积木,单击右键可以编辑积木的内容。

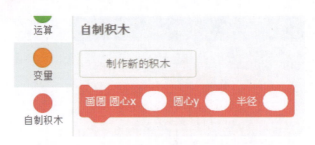

图1-33 指令区自制积木"画圆"

图1-34 程序区积木

（5）定义完画圆的三个参数，还要编写相关代码，才能作为可以调用的自制积木。当用到圆心 x、圆心 y 和半径时，需要使用自制积木里的参数。通过圆心坐标和半径绘制一个圆的子程序代码，如图1-35所示。

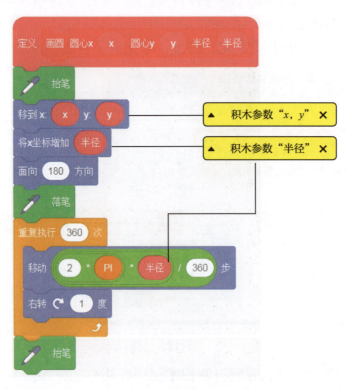

图1-35 绘制圆的子程序代码

（6）子程序代码写好后，当需要绘制圆时，直接调用自制积木"画圆"，并将参数替换成自制积木里的参数即可，如图1-36所示。

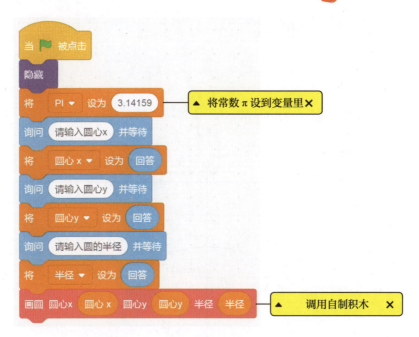

图 1-36　调用自制积木"画圆"

（7）运行程序，根据提示，依次输入圆心 x、圆心 y 和半径，可以看到，一个指定位置的圆就画出来了。

这个自制积木现在已经成为模块区的一个积木了，可以像其他积木一样调用，这是属于自己的独一无二的积木，是不是很有成就感？

如果建积木时勾选了"运行时不刷新屏幕"，则圆会瞬间画好，这个功能很有用，后面还会多次用到它。

任务 6　调用自制积木

假如要在多个地方调用任务 5 中完成的自制积木"画圆"，需将三个不同的圆心坐标和半径输入参数位置，如图 1-37（a）所示，三个圆瞬间画好，艺术效果如图 1-37（b）所示。

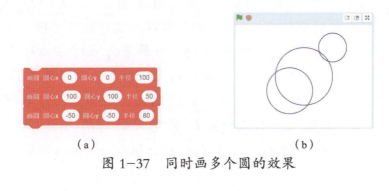

（a）　　　　　　　　　　　（b）

图 1-37　同时画多个圆的效果

任务7 绘制一个椭圆

【艺术效果】

椭圆的艺术效果如图 1-38 所示。

图 1-38 椭圆

知识点——椭圆中的点坐标

如图 1-39 所示,在直角三角形 ABC 中,a,b,c 为三条边,$\angle C=90°$,$\angle BAC=\theta$。

其中,$a=c\sin\theta$,$b=c\cos\theta$。

sin 称为角的正弦,cos 称为角的余弦。

图 1-39 直角三角形

如果以点 A 为原点,AC 为 x 轴,作直角坐标系,则点 B 的坐标为 (b,a)。a,b 可以通过 c 和 θ 的值求出。

如图 1-40 所示,将一个椭圆置于平面直角坐标系 xOy 中,以点 O 为圆心,分别以长轴的一半 a 和短轴的一半 b 为半径作圆 O' 和 O''。点 M 是椭圆上的任意一点,过点 M 分别向 x 轴和 y 轴作垂线,垂足为 A 和 B。MA 的反向延长线与圆 O' 交于点 C,MB 与圆 O'' 交于点 D。$OC=a$,$OD=b$,即 M 点的坐标为 $(a\cos\theta,b\sin\theta)$。

在 Scratch 程序中，0°是 y 轴方向，程序中定义的角度是从时钟的 12 点处开始顺时针旋转得到的。建立一个变量"角度"，调用"运算"模块中的积木，即可让变量从 0°～360°变化，再通过公式得到椭圆上的点的坐标，将画笔移动到该坐标位置。借助"自制积木"这个神器，就可以创建椭圆积木了。在 Scratch 程序中的"运算"模块中可以找到 sin 和 cos 函数，如图 1-41 所示。

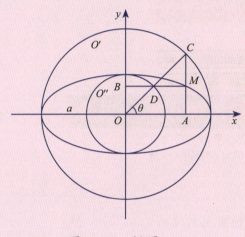

图 1-40　椭圆

图 1-41　sin 和 cos 函数

【实现步骤】

制作椭圆积木流程图如图 1-42 所示。

（1）新建变量"n"，用于表示旋转的角度。

（2）制作一个新的积木——"椭圆"积木，设置四个参数，分别为"a"、"b"、"中心坐标 x"和"中心坐标 y"。

（3）使用"落笔"积木落笔，开始绘制。

（4）使用"将我的变量设为（ ）"积木，将变量"n"设为"0"。

（5）使用"重复执行（ ）次"积木，设置循环次数为"360"。在循环中，使用"移到 x:（ ）y:（ ）"积木，并设定 x 坐标参数为"x+acosn"，y 坐标参数为"y+bsinn"，（参数里的 x 和 y 都是自制积木的参数，即椭圆中心的坐标）；使用"将我的变量

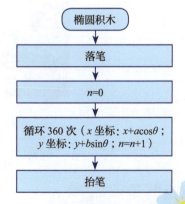

图 1-42　制作椭圆积木流程图

增加（ ）"积木，将变量"n"的增加值设为"1"。

（6）使用"抬笔"积木抬笔，结束绘制。

【代码总览】

编写椭圆积木代码，如图 1-43 所示。

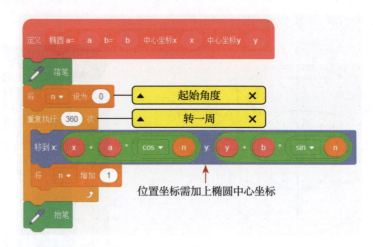

图 1-43 椭圆积木代码

调用自制的"椭圆"积木，在中心为（0,0）的位置，画一个 $a=100$，$b=50$ 的椭圆，如图 1-44 所示。

图 1-44 在中心为（0,0）处画一个椭圆

当 $a=b$ 时，用"椭圆"积木画出的图形就是一个圆了。

【思路拓展】

1. 画一个如图 1-45 所示的带斜度的椭圆。

提示：这个椭圆不是水平方向的，而是与 x 轴有一个角度 t，此时的椭圆公式如下：

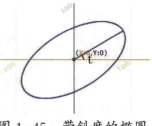

图 1-45 带斜度的椭圆

$$x = a\cos\theta\cos t - b\sin\theta\sin t$$
$$y = a\cos\theta\sin t + b\sin\theta\cos t$$

练习编写一个积木，实现这样一个椭圆。

2. 变换画笔的颜色，画出如图1-46所示的颜色渐变的椭圆。

3. 用画椭圆的方法绘制出如图1-47所示的地球仪。部分参考代码如图1-48所示。

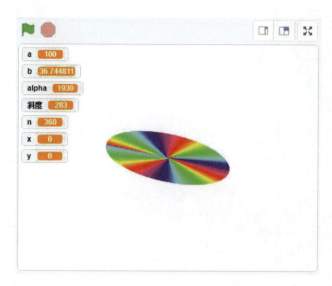

图1-46　颜色渐变的椭圆

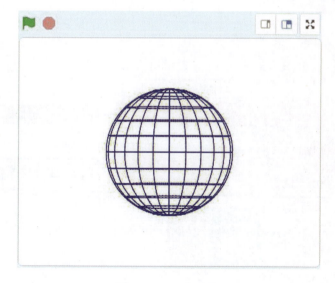

图1-47　地球仪

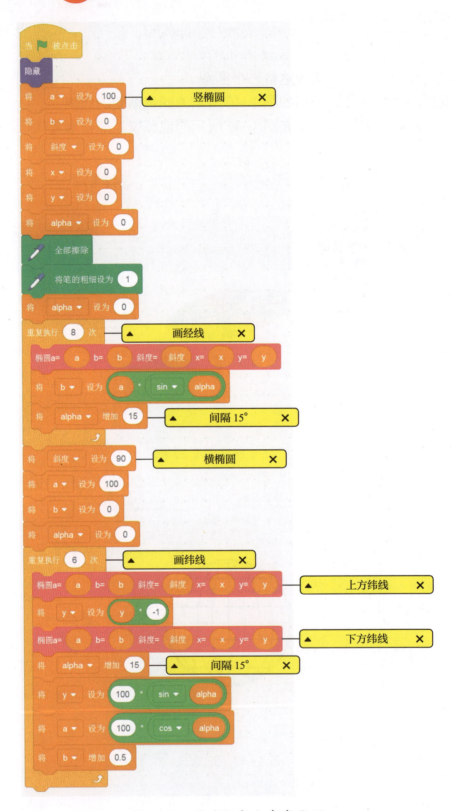

图1-48 地球仪部分参考代码

1.5 笛卡儿爱心

▶ 任务8　自制"笛卡儿"积木，绘制心形线

笛卡儿是法国著名的哲学家、数学家，他在数学领域的成就，就是发明了现代数学的基础工具之一——坐标系。

笛卡儿50多岁时被瑞典国王邀请给18岁的瑞典公主做私人数学教师，不料两人产生了感情，国王非常愤怒，将笛卡儿逐出了瑞典。回到法国后，笛卡儿给公主写信，其中一封信里，没有别的文字，只有一个公式：

$$r=a(1-\sin\theta)$$

没有人能看懂，只好拿给了公主，公主解出了公式的含义，热泪盈眶。这个公式绘制了一个爱心图案，即笛卡心形线。这个故事也只是一个美丽的传说，但笛卡儿心形线却成了见证爱情的象征。

知识点——极坐标系

如图1-49所示，在极坐标系上有一点 P ，其极坐标表示为 (r,θ) ，其中，r 为点 P 到极点 O 的距离，称为极径；θ 为角度，称为极角。

运用前面三角函数 $\sin$ 和 $\cos$ 将极坐标转换为直角坐标的公式：

$$x=r\cos\theta$$
$$y=r\sin\theta$$

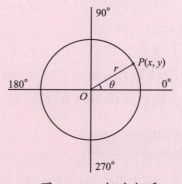

图1-49　极坐标系

分析笛卡儿心形线的公式：$r=a(1-\sin\theta)$，这里的 r 和 θ 可以理解为极径和极角，那么 a 是什么呢？可以发现，r 的大小与 a 的值是成正比的，a 越大，r 也越大。

如何画出这个图形呢？这里的 θ 值从 $0°\sim360°$ 变化，即转一圈，每一个角度所对应的 r 的值会不一样。如果把 r 的值算出来，再用上面的转换公式转换为笛卡儿坐标，让画笔移动到这个坐标，图形就画出来了。至于 a ，可以自由设定。

【实现步骤】

制作"笛卡儿"积木的流程图如图 1-50 所示。

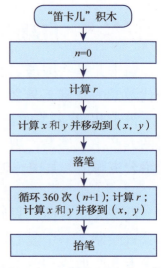

图 1-50 制作"笛卡儿"积木的流程图

（1）新建变量"r"和"n"，r 代表极径，n 代表极角。隐藏变量。

（2）自制"笛卡儿"积木，设置一个参数"a"。

（3）使用"将我的变量设为（ ）"积木，将变量"n"设为 0。这里的 n 就是 θ。

（4）使用"将我的变量设为（ ）"积木和运算符积木，根据公式 r=a(1-sinθ)，将变量"r"设为"a(1-sinn)"。

（5）使用"移到 x：（ ）y：（ ）"积木，设定 x 坐标的参数为"rcosn"，设定 y 坐标的参数为"rsinn"，即将画笔移动到根据公式计算出的坐标上。

（6）使用"落笔"积木，开始绘制。

（7）使用"重复执行（ ）次"积木，循环 360 次，执行步骤（8）至步骤（10）。循环结束后执行步骤（11）。

（8）使用"将我的变量增加（ ）"积木，将变量"n"增加"1"。

（9）根据公式 r=a(1-sinθ)，使用"将我的变量设为（ ）"积木，将变量"r"设为"a(1-sinn)"。

（10）使用"移到 x：（ ）y：（ ）"积木，设定 x 坐标的参数为"rcosn"，设定 y 坐标的参数为"rsin(n)"，即将画笔移动到新的位置。

（11）使用"抬笔"积木抬笔，结束绘制。

【代码总览】

编写"笛卡儿"积木的代码如图 1-51 所示。

调用"笛卡儿"积木，将参数 a 设为 50，如图 1-52 所示。

单击 🚩 按钮后，屏幕上出现一个如图 1-53 所示的爱心图案，难怪公主会那么激动。

修改参数 a 的值，观察一下爱心图案有什么变化。

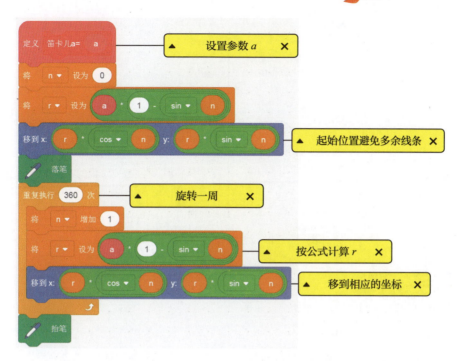

图 1-51 "笛卡儿"积木的代码

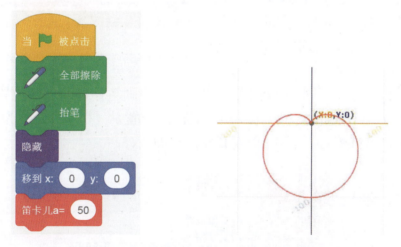

图 1-52 调用"笛卡儿"积木　　　图 1-53 爱心图案

任务 9　绘制动态心形线

【艺术效果】

如图 1-54 所示,爱心从左下方坐标(-200,-50)处开始,向右上方移动,直到 x 坐标大于 200,移动过程中爱心逐渐变大。

Scratch 3.0 艺术进阶

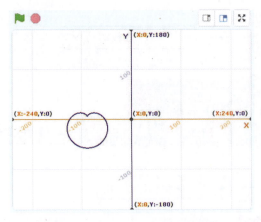

图 1-54 运动中变大的爱心

【实现步骤】

1. 修改"笛卡儿"积木

（1）单击"笛卡儿"积木，对其进行编辑，改名为"笛卡儿爱心"，并增加两个参数 x 和 y，勾选下方的"运行时不刷新屏幕"，让图形瞬间完成，如图 1-55 所示。

图 1-55 自制"笛卡儿爱心"积木

（2）使用"( )+( )"积木，将"笛卡儿"积木中画笔移到的坐标位置从（$r\cos(n)$, $r\sin(n)$）改为（$x+r\cos(n)$, $y+r\sin(n)$）。把极点位置从（0, 0）处改为（x, y）处。修改后的"笛卡儿爱心"积木代码如图 1-56 所示。

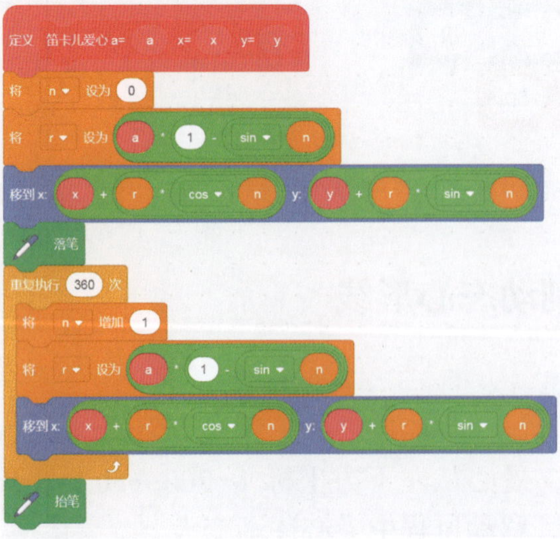

图 1-56 "笛卡儿爱心"积木代码

2. 设计"笛卡儿爱心"主程序

主程序的流程图如图 1-57 所示。

（1）新建一个"点"角色。

（2）使用"当 ▶ 被点击"积木，启动程序。

（3）使用"全部擦除"积木和"抬笔"积木，清除画板痕迹。

（4）使用"隐藏"积木，将"点"角色隐藏起来。

（5）新建三个变量：x、y、a，并使用"将我的变量设为（ ）"积木，将变量"x"设为"-200"，将变量"y"设为"-50"，将变量"a"设为"20"。

（6）使用"移到 x:（ ）y:（ ）"积木，将画笔移动到坐标（x,y）（x,y 为新建的变量）处。

（7）使用"重复执行直到 <>"积木和"（ ）>（ ）"积木，设置一个条件循环，参数设为"$x>200$"。如果条件未满足，执行步骤（8）至步骤（12）。如果条件满足，则程序结束。

（8）使用"全部擦除"积木，清空屏幕。

（9）使用"笛卡儿爱心"积木，绘制静态心形线。

（10）使用"将我的变量增加（ ）"积木，将变量"x"的增加值设为"2"。

（11）使用"将我的变量增加（ ）"积木，将变量"y"的增加值设为"1"。

（12）使用"将我的变量增加（ ）"积木，将变量"a"的增加值设为"0.2"。

当三个变量 x，y，a 被不断赋值时，绘制出的心形线便呈动态效果，从左下方向右上方移动，直到 $x>200$，停止绘制。

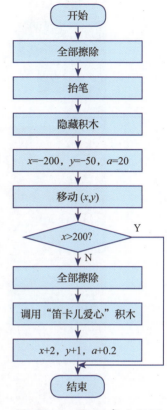

图 1-57　主程序流程图

【代码总览】

主程序代码如图 1-58 所示，单击 ▶ 按钮，爱心就会从左下方向右上方移动，并且逐渐变大。

Scratch 3.0 艺术进阶

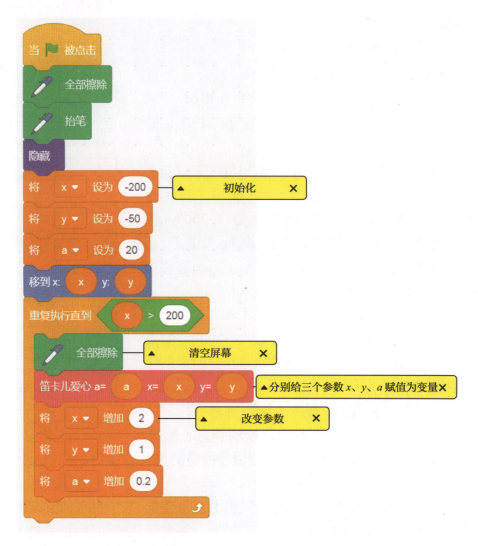

图 1-58 主程序代码

【思路拓展】

▶ 任务 10 绘制一个不断增大的实心爱心

图 1-59 中的实心爱心是一个不断增大的爱心，其代码如图 1-60 所示。

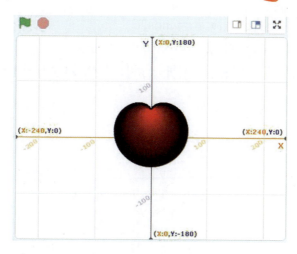

图 1-59 实心爱心

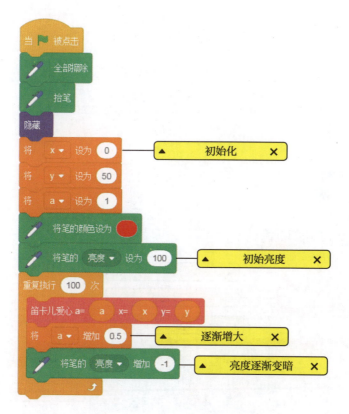

图 1-60 实心爱心的代码

任务 11　绘制一个四叶草图案

与笛卡儿心形线类似，如图 1-61 所示的四叶草的曲线公式也是基于极坐标的，需要转换为直角坐标。四叶草的曲线公式：$r=a\cos2\theta$。

（1）根据极坐标公式求出 r：$r=a\cos 2\theta$。

（2）根据 r 求出 x 和 y 坐标：$x=r\cos\theta$，$y=r\sin\theta$。

绘制四叶草的代码如图 1-62 所示，其艺术效果如图 1-61 所示。

图 1-61　四叶草

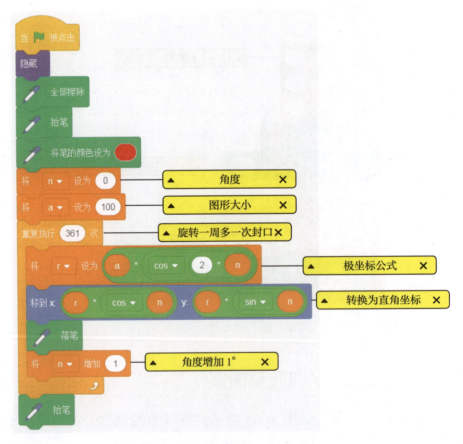

图 1-62　绘制四叶草的代码

改变 a 的值，便可改变"四叶草"图形的大小。

挑战一下，根据公式绘制以下图形。

❖ 画一个如图 1-63 所示的"三叶草"图形。三叶草曲线：$r=a\cos3\theta$。

提示：将四叶草的主程序代码中的 $r=a\cos2n$ 改成 $r=a\cos3n$ 即可。

❖ 画一个如图 1-64 所示的阿基米德螺旋线。阿基米德螺旋线：$r=a\theta$。

图 1-63　三叶草　　　　　图 1-64　阿基米德螺旋线

❖ 画一个如图 1-65 所示的蜗形线。蜗形线：$r=a\cos\theta+b$。

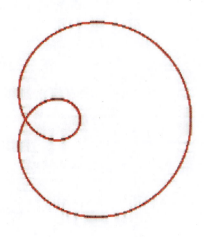

图 1-65　蜗形线

【"老司机"留言】

程序有三种基本结构。

（1）顺序结构：指令按先后次序执行，在 Scratch 中，表现为自上而下的顺序。顺序结构是程序中最基本且必不可少的结构。

（2）选择结构（分支结构）：包含一个条件判断语句，在 Scratch 中常使用"如果 <> 那么"或"如果 <> 那么……否则"指令来实现，判断结果只有"真"和"假"两种。

（3）循环结构：反复执行某一部分的操作，即循环体内的指令。在 Scratch 中，循环指令有"重复执行""重复执行（ ）次""重复执行直到 <>"等。

所有的程序都可以由这三种结构组成。

第 2 篇
特效篇

Scratch 的画笔只能用来画静态的图形吗？
No!

猜猜看，还能画什么？
划过夜空的流星、缤纷绽放的烟花、随音乐起舞的喷泉、随风潜入夜的春雨……

2.1 流星

▶ **任务 12** 绘制一条碰到边缘即停止的动态直线

【艺术效果】

如图 2-1 所示,一个点从屏幕的右上角开始,向屏幕的左侧画直线,碰到左侧边缘后,停止画线。

【实现步骤】

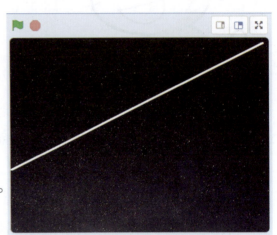

图 2-1　绘制动态直线

任务 12 的流程图如图 2-2 所示。
(1) 新建"点"角色,用于绘制直线。
(2) 选择图片"Stars"作为背景。
(3) 添加扩展代码"画笔"。
(4) 使用"当 ▶ 被点击"积木,启动程序。
(5) 使用"隐藏"积木,将"点"角色隐藏起来。
(6) 使用"全部擦除"积木,清空屏幕。
(7) 使用"将笔的颜色设为( )"积木,将画笔颜色设为"白色"。
(8) 使用"将笔的粗细设为( )"积木,将画笔的粗细设为"3"。
(9) 使用"移到 x:( ) y:( )"积木,将画线的起点位置定为(230,170)。
(10) 使用"落笔"积木落笔,开始绘制。
(11) 使用"重复执行直到 <>"积木,设置一个条件循环,参数设为"碰到舞台边缘?",作用是判断角色坐标是否已超出舞台边界。

如果条件未满足,意味着角色还在舞台上,则循环执行步骤(12)。如果条件满足,意味着角色已不在舞台边界内,则循环执行步骤(13)。

(12) 使用"将 x 坐标增加( )"积木,设置参数为"-2";使用"将 y 坐标增加( )"积木,设置参数为"-1",即"点"角色向左下方移动,从右上角向左下方绘制动态直线。

(13) 使用"抬笔"积木抬笔,结束绘制。

如图 2-3 所示为绘制动态直线的代码总览。

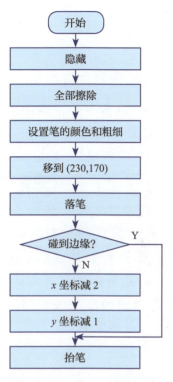

图 2-2 任务 12 的流程图

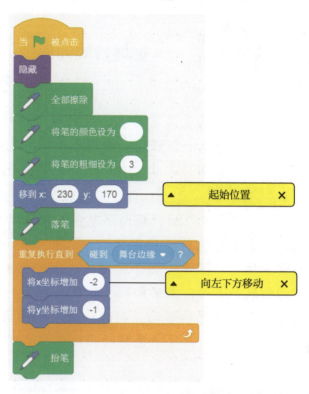

图 2-3 绘制动态直线的代码总览

▶ 任务 13 绘制一颗划过夜空的流星

【艺术效果】

如图 2-4 所示，一颗拖着尾巴的流星出现在屏幕的右上角，划过夜空后，在屏幕的左侧消失。

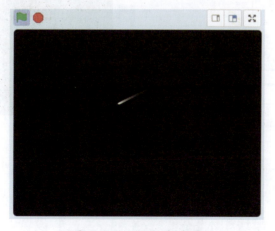

图 2-4 拖尾的流星

知识点 —— 拖尾特效的原理

拖尾特效是画笔艺术特效中非常精彩的一个技巧,在本书中会多次用到。要让一个移动中的角色产生拖尾的效果,需要创建角色2——一张与屏幕同样大小(480×360)的黑色图片。使用"外观"模块积木 ,设置"虚像"特效值为"90",并重复执行"图章"指令,将角色2的代码与画笔角色代码同时运行,就会出现拖尾效果。

带有虚像特效的图片,可以想象为一张有一定透明度的塑料片,重复执行"图章"指令的过程,就好比不停地将一张张塑料片盖在移动的线条上面,盖的塑料片越多,线条会越浅,直到完全盖住而消失。随着画笔角色的移动,新的线条不断画出来,早先画出的线条被塑料片层层盖住,画笔角色移动的轨迹由深到浅,从而形成拖尾效果。

【实现步骤】

角色1的流程图与任务12中的流程图一致。角色2的流程图如图2-5所示。
(1)按如图2-6所示,绘制角色2——一张与背景一样大小的黑色图片。

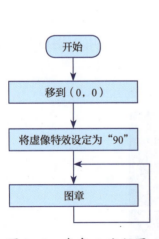

图2-5 角色2流程图

图2-6 绘制角色2

(2)使用"移到x:( )y:( )"积木,将角色2移到(0,0)。
(3)使用"外观"模块积木 将 颜色▼ 特效设定为 0 ,设置"虚像"特效值为"90"。

（4）使用"重复执行"积木，使角色2重复执行"图章"指令。

角色1的代码总览见任务12，角色2的代码总览如图2-7所示。

图2-7 角色2的代码总览

【验证程序】

单击 ▶ 按钮，角色1和角色2的代码同时运行，拖着尾巴的流星从屏幕右上角划过夜空，到左下角消失。

【思路拓展】

地球上的物体都受到地球的引力，物体飞行时由于有向下的引力，飞行轨迹呈抛物线状，要想使流星划过夜空时运动的轨迹更真实，需要对流星施加重力加速度，即将y坐标的变化用变量替换，在循环中对这个变量增加一个向下的固定分量。角色2的代码保持不变，修改角色1中的代码。

（1）新建一个变量"yval"，代表y坐标的变化值（模拟重力加速度）。

（2）使用"将我的变量设为（）"积木，将变量"yval"的初始值设为"0"。

（3）在"将y坐标增加（）"积木中，将参数"-1"改为变量"yval"。

（4）在"重复执行直到 <>"循环结构中增加一条积木：将我的变量增加（），将变量"yval"的参数设为"-0.01"。

角色1修改后的代码如图2-8所示。

变量"yval"用来控制角色向下的运动速度，在循环中变量不断减小，向下的运动速度也越来越快。减小的量的绝对值越大，流星的运动曲线越陡。试一试，修改积木 将 yval 增加 -0.01 里面的数值，看看有什么变化。

【"老司机"留言】

Scratch的一大优点是支持多线程。所谓多线程（Multithreading），是指程序中包含多个执行流，即一个程序可以有多个线程同时执行不同的任务。任务13中有两个角色：角色1用于绘制动态直线，即"画笔角色"；角色2是"黑色图片"，两个角色在单击 ▶ 按钮后同时运行，实现拖尾特效。

多线程可以提升CPU的使用效率，还可以实现单一角色不能实现的功能。

Scratch 3.0 艺术进阶

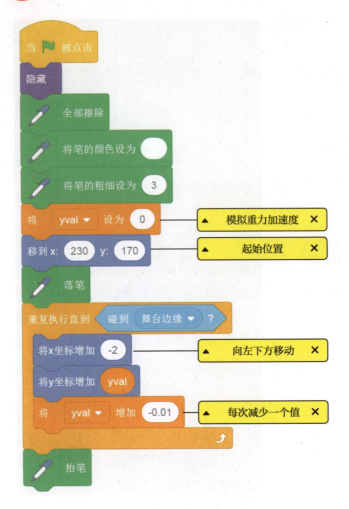

图 2-8　角色 1 修改后的代码

2.2　烟花

▶ 任务 14　制作手持烟花

过年了，小朋友喜欢玩一种手持的小烟花，拿在手上点燃后，五颜六色的小火星儿从烟花棒里喷射出来，漂亮极了。

【艺术效果】

手持烟花的艺术效果如图 2-9 所示。

图 2-9　手持烟花

知识点——克隆

克隆是 Scratch 里一个非常重要的功能，克隆的功能是复制角色，新复制的角色称为克隆体，原来的角色称为本体。克隆体有自己独立的程序，这给程序设计提供了很大方便。与克隆有关的积木如图 2-10 所示。

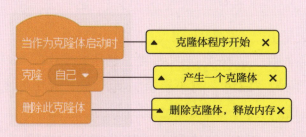

图 2-10　克隆积木

执行"克隆"积木指令时，会复制一个与本体一模一样的克隆体，不仅模样相同，位置、方向、大小和造型等属性也相同。一旦克隆体生成，这个克隆体就会自动从开始运行程序，与本体是完全不同的两个程序走向。

"克隆"与"图章"的区别："图章"也会产生一个与本体一模一样的图像，但这个只是一个"章"，一个印记，不能动，也不能变化，更没有自己的程序，其对应的积木指令只有"图章"和"全部擦除"。克隆体则有自己的程序，能像角色一样运动，也能变化。

Scratch 3.0 艺术进阶

【设计思路】

喷射的烟花很像若干颗划过夜空的流星，设计程序时可以用若干个飞溅的火星儿来实现手持烟花的艺术效果。有了克隆积木的帮助，手持烟花的程序设计只需要两个角色：角色 1——火星儿本体及其克隆体，显示烟花被点燃后火星儿飞出的路线；角色 2——实现拖尾效果的黑色图片。其中角色 2 的代码与任务 13 中的一致，如图 2-11 所示。

角色 1 分为两部分：本体和克隆体。本体只有一个，其作用就是生成它的替身——克隆体。将本体隐藏起来，由克隆体执行设计的程序。在克隆积木指令执行之前，随机地设置本体角色的方向、画笔颜色等，这样克隆体就具有与本体相同的属性。为了让烟花点燃后，燃烧的火星儿有不同的飞行轨迹，还要新建控制运动方向的变量，并将变量设置为随机数。

图 2-11　角色 2 的代码总览

【实现步骤】

1. 角色 1

第一步　绘制火星儿。

在"造型"选项卡中，选择矢量图模式，放大绘图区，利用绘图工具，绘制一颗无轮廓、填充色为"白色"的小星星，其形状、大小如图 2-12 所示。

第二步　新建变量。

分别创建控制角色左右移动速度和上下移动速度的变量"xval"和"yval"，如图 2-13 所示，设置两个变量"仅适用于当前角色"。

图 2-12　绘制角色 1——小火星儿

图 2-13　新建变量

第三步 本体的程序设计。

如图 2-14 所示为本体的流程图。

（1）使用"当 ▶ 被点击"积木，启动程序。

（2）使用"隐藏"积木，将本体隐藏起来。

（3）使用"重复执行"积木设置一个循环，在循环中重复执行步骤（4）至步骤（12）。

（4）使用"如果 <> 那么"积木，设置一个条件循环，其参数为"按下鼠标？"，作用是当鼠标被按下时，重复执行步骤（5）至步骤（12）。

（5）使用"播放声音（）"积木，单击下拉按钮，进入声音录制界面，模仿烟花点燃后的声音，将自己的声音录制下来，并保存为"yanhua"。

（6）使用"将颜色特效设定为（）"积木和"在（）和（）之间取随机数"积木，将颜色特效设为"在 1 和 100 之间取随机数"，使烟花呈现五彩缤纷的效果。

（7）使用"移到鼠标指针"积木，把画笔移到鼠标上，克隆体将在鼠标指针位置处生成。

（8）使用"面向（）方向"和"在（）和（）之间取随机数"积木，使克隆体运动的方向为"在 0 和 360 之间取随机数"，即烟花被点燃后火星儿四处乱蹿。

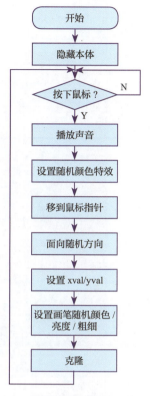

图 2-14 本体的流程图

（9）使用"将我的变量设为（）"和"在（）和（）之间取随机数"积木，将变量"xval"设为"在 -2.0 和 2.0 之间取随机数"，将变量"yval"设为"在 3 和 5 之间取随机数"。

（10）使用"将笔的颜色设为（）"和"在（）和（）之间取随机数"积木，将画笔的颜色设为"在 0 和 100 之间取随机数"，将画笔的亮度设为"在 0 和 100 之间取随机数"。这一指令使喷出的火星儿的颜色、亮度均不一样，呈现出烟花五颜六色的艺术效果。

（11）使用"将笔的粗细设为（）"和"在（）和（）之间取随机数"积木，将画笔的粗细设为"在 1.0 和 3.0 之间取随机数"。

（12）使用"克隆（自己）"积木，生成克隆体。

如图 2-15 所示为本体的代码。

Scratch 3.0 艺术进阶

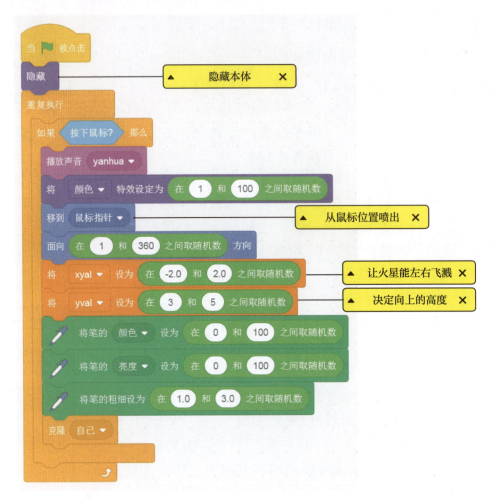

图 2-15 本体的代码

第四步 克隆体的程序设计。

如图 2-16 所示为克隆体流程图。

由于本体代码中执行了"隐藏"指令,而克隆体最初也会执行"隐藏"指令,所以克隆体运行时要先执行"显示"指令,将火星儿显示出来。为使火星儿下降的艺术效果更逼真,需对 x 坐标和 y 坐标增加变量值"xval"和"yval",并使变量"yval"持续减小(重力加速度效果)。为了让不同的克隆体的下落速度不同,将"yval"的减小值设计为随机数。

(1)使用"当作为克隆体启动时"积木,启动克隆体程序。

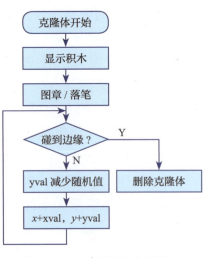

图 2-16 克隆体流程图

（2）使用"显示"积木，将克隆体显示出来。

（3）使用"图章"积木和"落笔"积木，让小火星儿显示出来，开始绘制。

（4）使用"重复执行直到<>"积木，设置一个条件循环，参数设为"碰到舞台边缘？"，作用是判断角色坐标是否已超出舞台边界。如果条件未满足，意味着角色还在舞台上，则循环执行步骤（5）至步骤（6）。如果条件满足，意味着角色已不在舞台范围内，则执行步骤（7）。

（5）使用"将我的变量增加（）"积木和"在（）和（）之间取随机数"积木，将变量yval的增量设为"在-0.05和-0.2之间取随机数"。

（6）使用"移到x:( )y:( )"和"( )+( )"积木,将移到位置的坐标设为(x坐标+xval, y坐标+yval)。

（7）使用"删除此克隆体"积木，删除克隆体，释放内存，程序结束。

如图2-17所示为克隆体的代码。

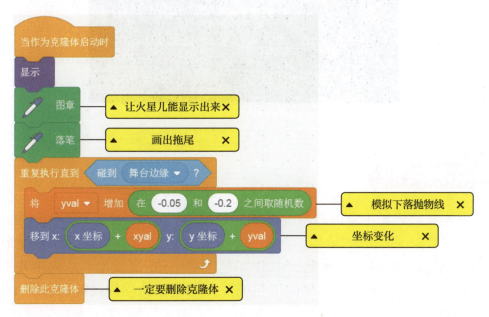

图2-17 克隆体的代码

【验证程序】

单击 🚩 按钮，启动程序，角色1和角色2同时运行，在舞台上任意位置单击鼠标，手持烟花就会绽放。

任务 15　制作礼花弹

【艺术效果】

单击空格键,会从地面的随机位置向上发射一颗烟花弹,到达一定高度后爆炸,绽放出五彩缤纷的烟花,如图 2-18 所示。

图 2-18　礼花弹

【设计思路】

礼花弹被点燃后绽放的过程分两段:从地面位置被点燃后升空的过程;到达一定高度时爆炸后绽放的过程。与手持烟花一样,实现礼花弹的艺术效果也要新建两个角色:角色 1——画笔,画出烟花上升到一定高度爆炸后火星儿飞出的路线;角色 2——实现拖尾效果的黑色图片。角色 2 的程序设计与任务 14 中的角色 2 相同。

与手持烟花相比,礼花弹需要新建一个私有变量,仅用于礼花弹上升过程中移动速度的改变。礼花弹的上升过程同样适用万有引力定律,上升的礼花弹受重力影响,其速度不断减小,当上升速度减小到 0 时,礼花弹停在空中爆炸,四散的火星儿按不同的方向和速度做自由落体运动。

由于礼花弹的爆炸过程是瞬间完成的,所有的克隆体会同时开始各自的运动,因此要先自制一个积木,克隆出一定数量的克隆体,否则火星儿不是一下子炸裂开来,而是边克隆边运行。

【实现步骤】

如图 2-19 所示为角色 1 本体的流程图。本体的积木代码如图 2-21 所示。

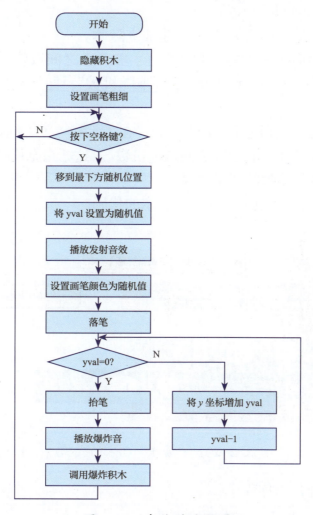

图 2-19 本体的流程图

第一步 绘制角色。
操作步骤同任务 14，绘制一个火星儿的角色。

第二步 新建变量。
新建控制角色上升速度的变量"yval"，勾选"仅适用于当前角色"。

第三步 设计礼花弹本体程序。

1. 自制"爆炸"积木

（1）单击"制作新的积木"，在弹出的对话框中将新积木命名为"爆炸"，并勾选"执行时不刷新屏幕"。

（2）使用"重复执行（）次"积木和"在（）和（）之间取随机数"积木，将循环次数设为"在 100 和 150 之间取随机数"。当重复次数为 100～150 时，重复执行步骤（3）至步骤（5）。

（3）使用"克隆（自己）"积木，生成克隆体。

（4）使用"面向（）方向"和"在（）和（）之间取随机数"积木，使克隆体运动的方向为"在 0°和 360°之间取随机数"，即礼花弹爆炸后火星儿四处乱蹿。

（5）使用"将笔的颜色设为（）"和"在（）和（）之间取随机数"积木，将画笔的颜色设为"在 1 和 100 之间取随机数"。这一指令使喷出的火星儿的颜色均不一样，呈现礼花弹的艺术效果。

如图 2-20 所示为自制的"爆炸"积木的代码。

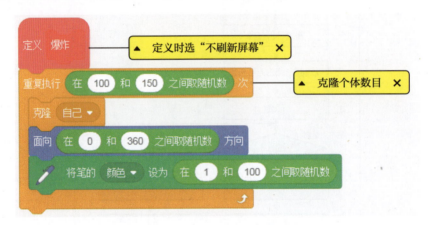

图 2-20　"爆炸"积木的代码

2. 设计礼花弹的本体程序

如图 2-21 所示为礼花弹本体的代码。

（1）使用"当 ▶ 被点击"积木，启动程序。

（2）使用"隐藏"积木，将角色隐藏起来。

（3）使用"将笔的粗细设为（）"积木，将画笔的粗细设为"3"。

（4）使用"重复执行"积木设置循环，在循环中重复执行步骤（5）至步骤（16）。

（5）使用"如果 <> 那么"积木，设置一个条件循环，参数设为"按下空格键？"，作用是当按下空格键后，重复执行步骤（6）至步骤（16）。

（6）使用"移到 x:（）y:（）"积木和"在（）和（）之间取随机数"积木，设置角色移到坐标（在 -200 和 200 之间取随机数，-180）处。

（7）使用"将我的变量设为（）"和"在（）和（）之间取随机数"积木，将变

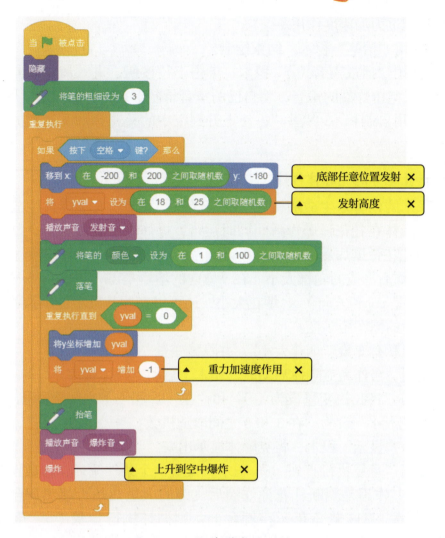

图 2-21 礼花弹本体的代码

量"yval"设为"在 18 和 25 之间取随机数"。

（8）使用"播放声音（ ）"积木，单击下拉按钮，进入声音录制界面，模仿礼花弹升空的声音，将自己的声音录制下来，并保存为"发射音"。

（9）使用"将笔的颜色设为（ ）"和"在（ ）和（ ）之间取随机数"积木，将画笔的颜色设为"在 1 和 100 之间取随机数"。

（10）使用"落笔"积木落笔，开始绘制。

（11）使用"重复执行直到 <>"积木和"（ ）=（ ）"积木，设置一个条件循环，其参数为"yval=0"。如果条件不满足，则重复执行步骤（12）至步骤（13）。如果条件满足，则执行步骤（14）。

（12）使用"将 y 坐标增加（ ）"积木，设置 y 坐标的增加值为变量"yval"。

（13）使用"将我的变量增加（ ）"积木，设置变量"yval"的增加值为"-1"，

即对角色施加重力加速度作用。

(14) 使用"抬笔"积木,结束绘制。

(15) 使用"播放声音( )"积木,单击下拉按钮,进入声音录制界面,模仿礼花弹在天空中炸裂的声音,将自己的声音录制下来,并保存为"爆炸音"。

(16) 使用自制积木"爆炸",使上升到空中的礼花弹炸开,变成绚烂的烟花缀满夜空。

3. 设计礼花弹的克隆体程序

爆炸积木的任务是生成随机数量的克隆体,并使所有克隆体生成后能同时运行。若克隆体在礼花弹爆炸瞬间同时运行,爆炸轮廓会成方形,显得不够真实。为了使礼花弹爆炸后的轮廓更接近圆形,可以新建一个私有变量"烟花大小",代表爆炸后形成的轮廓大小。在 x 方向的增量是 sin(方向)× 烟花大小,y 方向的增量是 cos(方向)× 烟花大小,还可以在此基础上加少量随机值,使礼花弹爆炸后的图案更多变。

(1) 新建私有变量"烟花大小",并隐藏变量。

(2) 使用"当作为克隆体启动时"积木,启动克隆体程序。

(3) 使用"将我的变量设为( )"和"在( )和( )之间取随机数"积木,将变量"烟花大小"设为"在 3 和 8 之间取随机数"。

(4) 使用"显示"积木,将克隆体显示出来。

(5) 使用"重复执行直到 <>"积木,设置一个条件循环,参数设为"碰到舞台边缘?",作用是判断礼花弹炸裂后飞蹿的火星儿是否超出舞台边界。如果条件未满足,意味着角色还在舞台上,则循环执行步骤(6)至步骤(9)。如果条件满足,意味着角色已不在舞台边界内,则执行步骤(10)。

(6) 使用"将我的变量增加( )"积木,设置变量"yval"的增加值为"-0.2"。

(7) 使用"将 x 坐标增加( )"积木、加法运算符、正弦运算符、"方向"积木和"在( )和( )之间取随机数"积木,将 x 坐标增加值设为"sin(方向)× 烟花大小+(在 -0.5 和 0.5 之间取随机数)"。

(8) 使用"将 y 坐标增加( )"积木、加法运算符、余弦运算符、"方向"积木和"在( )和( )之间取随机数"积木,将 y 坐标增加值设为"cos(方向)× 烟花大小+yval+(在 -0.5 和 0.5 之间取随机数)"。

(9) 使用"右转( )度"积木和"在( )和( )之间取随机数"积木,设置克隆体右转角度为"在 -10 和 10 之间取随机数"。

(10) 使用"抬笔"积木,结束绘制。

(11) 使用"删除此克隆体"积木,删除克隆体,释放内存,程序结束。

如图2-22所示为克隆体的代码。

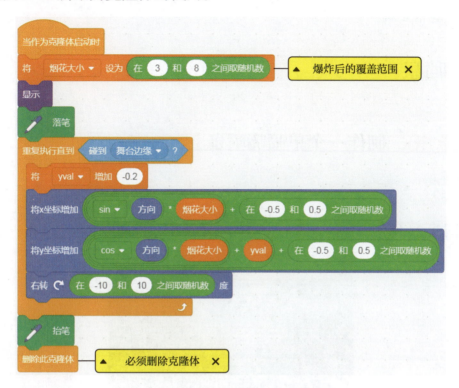

图 2-22 克隆体的代码

【验证程序】

单击 ▶ 按钮，角色1和角色2同时运行。单击空格键，礼花弹从屏幕下方徐徐上升到空中后爆炸，五颜六色的烟火点亮了夜晚的天空。

【"老司机"留言】

变量"yval""烟花大小"都是克隆体使用的变量，在创建变量时都必须设置为私有变量，即勾选"仅适用于当前角色"，才能保证每个克隆体有自身运行的特性。

另外，在克隆体的 x 和 y 坐标增加值的"运算"积木中，注意积木的顺序，以 y 坐标举例，如图2-23所示。

图 2-23 y 坐标积木顺序

需要先将"方向"取余弦值，再乘"烟花大小"，再加"yval"，最后加上一

个随机值,即"((cos(方向)×烟花大小)+yval)+随机值",否则克隆体运行的轨迹会不正确。

2.3 喷泉

▶ 任务 16　制作一个单喷嘴喷泉

【艺术效果】

如图 2-24 所示,草地上有一个单喷嘴喷泉正在自动浇水。

图 2-24　单喷嘴喷泉

【设计思路】

实现单喷嘴喷泉艺术效果的关键点在于实现喷泉喷出和水滴洒落的过程,其程序包括三部分:自制的喷泉积木、主程序和克隆体程序。

喷泉水柱是由克隆体画出来的,为方便调用,先将喷泉程序制作成一个可方便调用的"喷泉"积木。每个克隆体从喷嘴处喷出后,先上升,再按抛物线下落。

每个克隆体的左右偏离距离和上升高度、下降速度不同,设置完画笔参数后,不停地清空屏幕,并调用"喷泉"积木,多个克隆体的运动轨迹交织在一起,形成喷泉特效。

克隆体飞出舞台范围或落到草地上时,结束任务。

【实现步骤】

1. 创建背景、角色和变量

（1）选择图片"Forest"作为背景。

（2）在"造型"选项卡中，选择矢量图模式，放大绘图区，利用绘图工具，绘制一颗无轮廓，填充色为"白色"的小水滴。

（3）新建两个私有变量：xval 和 yval，并隐藏变量。

2. 自制"喷泉"积木

"喷泉"积木的流程图如图 2-25 所示。

（1）单击"制作新的积木"，在弹出的对话框中将新积木命名为"喷泉"。

（2）使用"移到 x：（ ）y：（ ）"积木，将喷泉的喷嘴位置定为（0，-130）。

（3）使用"将我的变量设为（ ）"和"在（ ）和（ ）之间取随机数"积木，将变量"xval"设为"在 -2.0 和 2.0 之间取随机数"，将变量"yval"设为"10"。

（4）使用"克隆（自己）"积木，生成克隆体。

如图 2-26 所示为自制的"喷泉"积木。

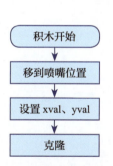

图 2-25 "喷泉"积木的流程图　　　图 2-26 "喷泉"积木

2. 设计主程序

主程序的流程图如图 2-27 所示。

（1）使用"当 ▶ 被点击"积木，启动程序。

（2）使用"全部擦除"积木，清空屏幕。

（3）使用"将笔的颜色设为"积木，将画笔的颜色设为"白色"。

（4）使用"将笔的粗细设为（ ）"积木，将画笔的粗细设为"3"。

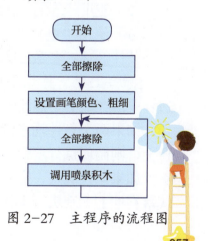

图 2-27 主程序的流程图

Scratch 3.0 艺术进阶

（5）使用"重复执行"积木设置循环，在循环中重复执行步骤（6）至步骤（7）。

（6）使用"全部擦除"积木，清空屏幕。

（7）使用"喷泉"积木，画轨迹线，模拟水柱从喷嘴喷出，水滴洒落在草地上的运行轨迹。

主程序的代码如图2-28所示。

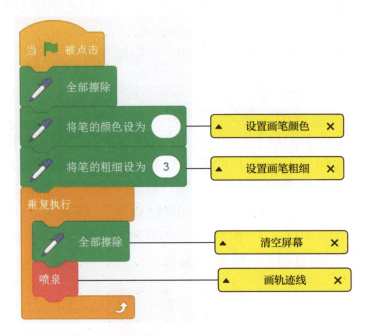

图2-28 主程序的代码

3. 设计克隆体程序

克隆体的流程图如图2-29所示。

（1）使用"当作为克隆体启动时"积木，启动克隆体程序。

（2）使用"落笔"积木落笔，开始绘制。

（3）使用"重复执行直到<>"积木，设置一个条件循环，参数设为"碰到舞台边缘？"或"y坐标<-130"，作用是判断水滴是否超出舞台边界或落在地上（地面的y坐标为-130）。

如果两个条件均未满足，意味着水滴还在舞台上，则循环执行步骤（4）至步骤（5）。

如果条件满足，意味着水滴已超出舞台边界或落在地上，则执行步骤（6）。

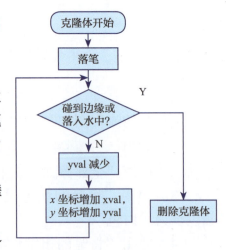

图2-29 克隆体的流程图

（4）使用"将我的变量增加（）"积木，将变量"yval"的增加值设为"-0.25"。

（5）使用"移到x：（）y：（）"积木和加法运算符，设置角色移到坐标位置（ x坐标 +xval， y坐标 +yval）。

（6）使用"删除此克隆体"积木，删除克隆体，释放内存，程序结束。

克隆体的代码如图2-30所示。

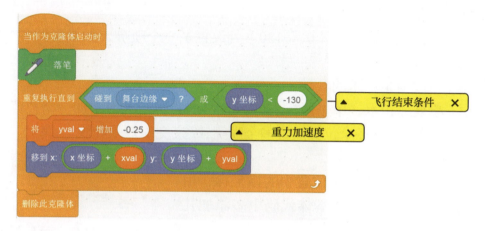

图2-30 克隆体的代码

【验证程序】

单击 🏁 按钮，舞台中间喷出涓涓细流，滋润着小花园的土地。

知识点 —— 浮点数的设置

在"喷泉"积木的代码中，有一行代码用于设置喷泉喷水的最大范围： 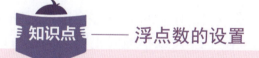 。此处的参数是 -2.0～2.0，能不能设置为 -2～2 呢？两个效果一样吗？

答案是不一样。

Scratch的变量定义没有做成像C语言那样定义整型或浮点型，而是自动设置的，如果设成 -2～2 之间的随机数，那么Scratch会当成整数来处理，即在 -2，-1，0，1，2 五个整数之间随机选择，这时的喷泉就是距离相等的5根水柱。如果用 -2.0～2.0 来设置，Scratch会当成浮点数（可以理解为小数

处理,这样此范围内所有数包括小数都会被随机选取,这时的水柱就会在随机位置喷出许多根了。

【思路拓展】

目前程序是在固定位置(0,-130)处设置了一个喷嘴,如果要做多个喷嘴,如何做最方便?

答案是修改喷泉积木的参数。

选中"喷泉"积木,单击鼠标右键,在弹出的对话框中添加一个"x"坐标的参数,这样就可以在多个位置放置多个喷嘴,喷泉交织效果壮观。编辑"喷泉"积木如图2-31所示。

在喷泉积木中,将坐标位置中的横坐标,用自制积木中的 x 代替;再在本体代码中多添加几个喷泉积木即可。

图2-31 编辑"喷泉"积木

任务17 制作可声控或鼠标控制的多喷嘴喷泉

【艺术效果】

如图2-32所示为多喷嘴喷泉的艺术效果。水池中,从多个喷嘴里喷出的水柱交织在一起,水柱既可以在声音的控制下或大或小地向上喷涌,也可以在鼠标的控制下左右摇摆,组成了一幅壮观的画面。

图2-32 喷泉

【设计思路】

制作可声控或鼠控的多喷嘴喷泉的关键点在于实现喷泉的两种喷出方式,其程序包括五部分:自制的喷泉积木程序、角色1的本体程序、克隆体程序,以及"声控"按钮和"鼠控"按钮的程序。

喷泉水柱的两种控制模式的实现可以用"按钮+变量"的方式实现。上传两个图片作为新角色,分别为"鼠控"按钮和"声控"按钮。新建一个变量mode,当单击"鼠控"按钮时,mode=1,执行鼠控程序,即喷泉水柱随鼠标指针的移动而变化;当单击"声控"按钮时,mode=2,执行声控程序,即喷泉水柱随外部声音大小的变化而变化。

【实现步骤】

本体程序和克隆体程序的流程图参见任务16。"喷泉"积木的流程图如图2-33所示。

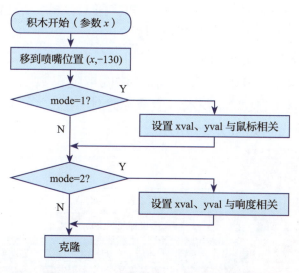

图2-33 "喷泉"积木的流程图

1. 创建背景、角色和变量

(1)选择图片"Pool"作为背景。

(2)在"造型"选项卡中,选择矢量图模式,放大绘图区,利用绘图工具,绘制一颗无轮廓,填充色为"白色"的小水滴,作为角色1。

(3)上传两个按钮的图片作为两个新建角色,如图2-34所示。

图2-34 两个按钮

Scratch 3.0 艺术进阶

（4）新建两个私有变量——xval 和 yval，一个公有变量——mode。

2. 自制"喷泉"积木

（1）单击"制作新的积木"，在弹出的对话框中将新积木命名为"喷泉 x 坐标"，并设置"x"坐标为其参数。

（2）使用"移到 x:（）y:（）"积木，将喷嘴位置设为（x，-130）。

（3）使用"如果 <> 那么"积木，设定条件为"mode=1"。如果条件满足，则重复执行步骤（4）和步骤（5）。如果条件不满足则执行步骤（6）。

（4）使用"将我的变量设为（）"积木、"在（）和（）之间取随机数"积木和运算符，将变量 xval 设为：(鼠标的 x 坐标 $-x$ 坐标)×0.05+"在 -1 和 1 之间取随机数"。

（5）使用"将我的变量设为（）"积木、"在（）和（）之间取随机数"积木和运算符，将变量 yval 设为：(鼠标的 y 坐标 $-y$ 坐标)×0.05+"在 -1 和 1 之间取随机数"。

（6）使用"如果 <> 那么"积木，设定条件为"mode=2"。如果条件满足，则执行重复执行步骤（7）和步骤（8）。如果条件不满足则执行步骤（9）。

（7）使用"将我的变量设为（）"积木和"在（）和（）之间取随机数"积木，将变量 xval 设为"在 -2 和 2 之间取随机数"。

（8）使用"将我的变量设为（）"积木和"在（）和（）之间取随机数"积木，将变量 yval 设为：响度 ×0.05+"在 -3 和 3 之间取随机数"。

（9）使用"克隆（自己）"积木，生成克隆体。

"喷泉"积木的代码如图 2-35 所示。

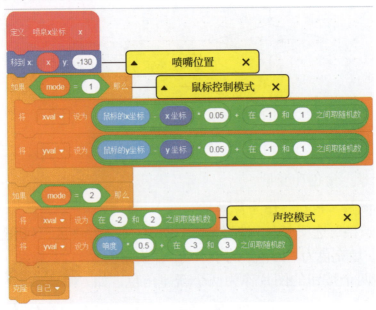

图 2-35 "喷泉"积木的代码

3. 设计主程序

多喷嘴喷泉的主程序与单喷嘴喷泉的本体程序有两处不同。

（1）增加一个积木，将变量 mode 设为 2，在默认状态下启动声控模式控制水柱的喷涌。

（2）多次使用"喷泉"积木，创建 7 个不同 x 坐标的喷嘴。

主程序代码如图 2-36 所示。

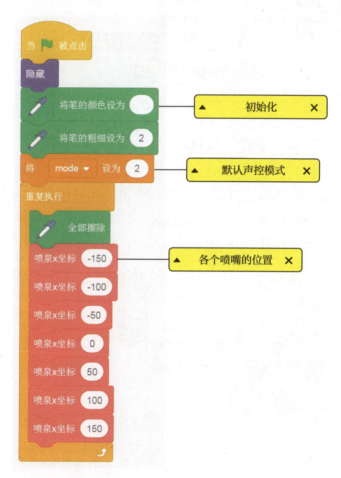

图 2-36　主程序代码

4. 设计克隆体程序

多喷嘴喷泉的克隆体程序与单喷嘴喷泉的克隆体程序一致，代码如图 2-37 所示。

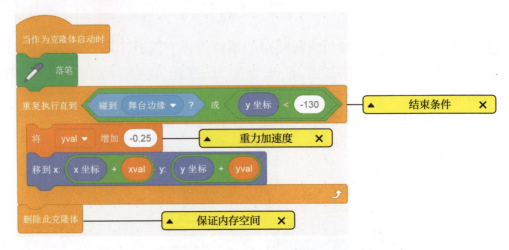

图 2-37 克隆体程序的代码

5. 设计"声控"和"鼠控"按钮程序

当单击鼠标按钮时,变量 mode 被设置为相应的值,根据喷泉积木侦测到的 mode 值,运行相应的代码,以下是"声控"按钮的代码,"鼠控"按钮代码与此类似,只是 mode 值不同,可自行设计。

"声控"按钮代码如图 2-38 所示。

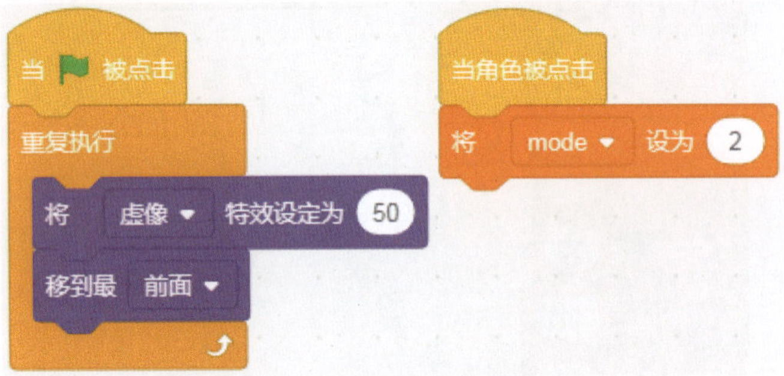

图 2-38 "声控"按钮代码

【验证程序】

单击 ▶ 按钮后,选择"声控"模式,泳池里的喷泉可以随音乐的节奏忽上忽下;选择"鼠控"模式,喷泉水柱可以随鼠标的移动而左右摇摆。

【"老司机"留言】

积木是用来实现特定功能的程序,如果需多次用到同一功能,可以创建一个自制积木，随时使用，会使程序的结构更简洁和易于维护。

积木可以有参数，也可以没有参数，如何设置适当的参数呢？通常把影响积木功能的因素作为参数，例如，在"喷泉"积木中，由于需要从不同的 x 坐标处产生喷泉，就可以把 x 坐标作为参数；喷泉都是从水面喷出的，其 y 坐标是一致的，就可以不把 y 坐标设为参数。

2.4 雨中的节奏

▶ 任务 18　绘制雨滴落在地面上积水处，激起涟漪的画面

【艺术效果】

如图 2-39 所示为雨滴落在地面上的积水处，激起涟漪的艺术效果。

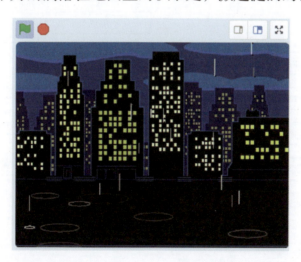

图 2-39　涟漪

【设计思路】

1. 雨滴的下落过程

（1）雨滴按照重力加速度的原理下落。角色落笔后不断被清空，就会呈现出运动的效果。

（2）雨滴落地后，在积水处激起涟漪。雨滴从落地点开始画椭圆，椭圆不断变大，不断被清空，亮度变小，涟漪线条越来越淡，逐渐淡出屏幕。

2. 自制积木

（1）自制"雨滴"积木，生成多个雨滴，模拟雨点纷纷落下的效果。由于视角与地面有一个角度，是斜向观察的，所以落地时，y 的坐标值应该是近大远小（即离得越近，y 的绝对值越大，反之越小）。设置随机值，就会在视觉上呈现远近不同的涟漪效果。

（2）自制"椭圆"积木，生成多个逐渐变大的椭圆，再不断清空椭圆，模拟涟漪逐渐散去的效果。

【实现步骤】

如图 2-40 所示为"雨滴"积木流程图。如图 2-41 所示为椭圆克隆体流程图。

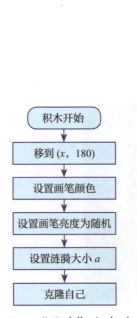
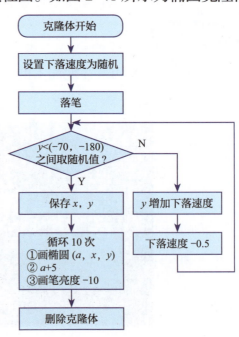

图 2-40　"雨滴"积木流程图　　　图 2-41　椭圆克隆体流程图

1. 创建背景、角色和变量

（1）选择图片"Night City"作为背景。

（2）在"造型"选项卡中，绘制一个点，作为角色 1。

（3）新建 6 个私有变量——画笔亮度、下落速度、a、n、x、y。

2. 自制"雨滴"积木

（1）创建"雨滴"积木 ，设置一个参数 x，表示雨滴的 x 坐标。

（2）使用"移到 x：（　）y：（　）"积木，设定角色位置为 $(x, 180)$，即屏幕

最上方的随机位置。

（3）使用"将笔的颜色设为"积木，将画笔的颜色设为"白色"。

（4）使用"将我的变量设为（ ）"和"在（ ）和（ ）之间取随机数"积木，将变量"画笔亮度"设为"在 50 和 100 之间取随机数"。

（5）使用"将笔的亮度设为（ ）"积木，将画笔的亮度设为变量"画笔亮度"。这一步设置随机的画笔亮度，使得画面效果更有层次感。

（6）使用"将我的变量设为（ ）"积木，将变量 a 设为 20，即设置涟漪的初始大小。

（7）使用"克隆（自己）"积木，生成克隆体。

"雨滴"积木的代码如图 2-42 所示。

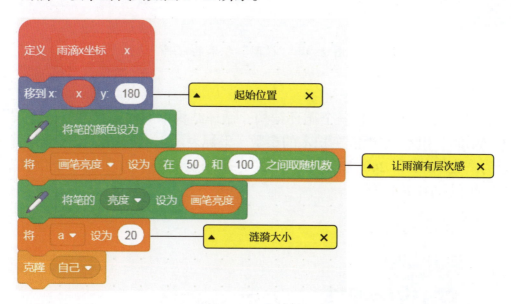

图 2-42　"雨滴"积木的代码

3. 自制"椭圆"积木

创建椭圆积木，设置三个参数，a——椭圆大小，x——中心点的 x 坐标，y——中心点的 y 坐标，并勾选"运行时不刷新屏幕"，如图 2-43 所示。"椭圆"积木的代码如图 2-44 所示。此处，将短轴 b 用 0.2a 替代。

图 2-43　自制"椭圆"积木

Scratch 3.0 艺术进阶

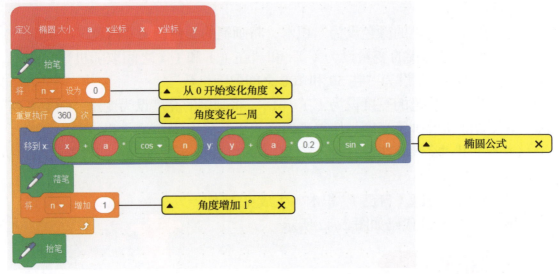

图 2-44 "椭圆"积木的代码

4. 设计主程序

主程序包含初始化和一个循环结构。循环结构中的内部指令是清空屏幕和调用"雨滴"积木。"雨滴"积木的参数 x 坐标表示雨滴起始点的横向位置，可设置为"在 -240 和 240 之间取随机数"，表示从屏幕上方任意一个位置落下。主程序代码如图 2-45 所示。

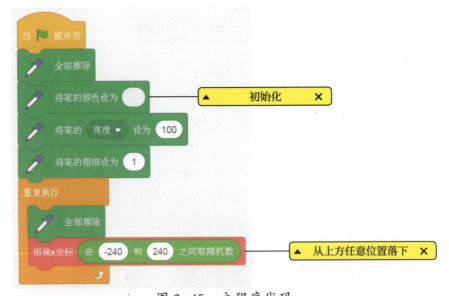

图 2-45 主程序代码

5. 设计克隆体程序

（1）使用"当作为克隆体启动时"积木，启动克隆体程序。

（2）使用"将我的变量设为（ ）"和"在（ ）和（ ）之间取随机数"积木，将变量"下落速度"设为"在 -10 和 -30 之间取随机数"，使雨滴下落的速度有所不同，交织在一起，形成淅淅沥沥的特效。

（3）使用"落笔"积木，开始绘制。

（4）使用"重复执行直到 <>"积木，设置一个条件循环，参数设为"y 坐标"＜"在 -70 和 -180 之间取随机数"，作用是设置雨滴的落地范围。

如果条件未满足，意味着雨点还飘在空中，则重复执行步骤（5）和步骤（6）。

如果条件满足，意味着雨点已经落在地上，则执行步骤（7）至步骤（9）。

（5）使用"将 y 坐标增加（ ）"积木，设置参数为变量"下落速度"。

（6）使用"将我的变量增加（ ）"积木，将变量"下落速度"的增加值设为"-0.5"，即雨滴受到重力加速度的影响。

（7）使用"将我的变量设为（ ）"积木，将变量"x"设为"x 坐标"，将变量"y"设为"y 坐标"。保存雨滴落地点的坐标，程序将以落地点为中心绘制椭圆。

（8）使用"重复执行（ ）次"积木，设置循环结构，重复执行 10 次以下指令：

① 使用"椭圆"积木画一个椭圆。

② 将变量"a"的增加值设为"5"。

③ 将笔的亮度增加的参数设为"-10"。

此处绘制不断变大的椭圆，随着画笔亮度逐渐减小，涟漪变淡消失。

（9）使用"删除此克隆体"积木，删除克隆体，释放内存，程序结束。克隆体的代码如图 2-46 所示。

【验证程序】

单击 🏁 按钮，夜晚的城市里下起了雨，点点滴滴落在地面上的积水处，激起一个个涟漪，唱响了雨中的节奏。

【"老司机"留言】

在"椭圆"积木代码中，有 3 个参数 a, x, y，在变量中也有名称相同的 3 个变量 a, x, y，如图 2-47 所示。它们是一样的吗？可以交换使用吗？

定义"椭圆"积木中的这 3 个参数称为形式参数（形参），在 Scratch 中用粉红色来表现它们，它们只能在自制积木内部使用，在使用积木之前，它们并没有实际的值，需要"实参"来传递。

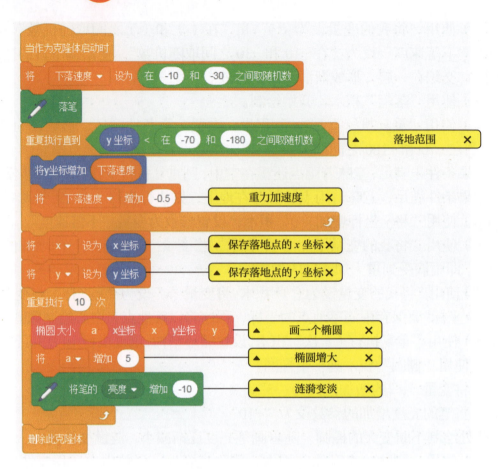

图 2-46 克隆体的代码

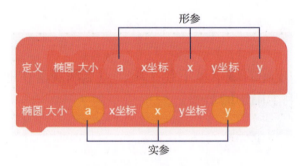

图 2-47 形参和实参

在"椭圆"积木中使用的变量 a, x, y 称为实际参数（实参），实参可以是变量，也可以是常量或表达式，有具体的值。在使用积木时，实参的值传递给形参，实现积木代码的程序设计。

这里的两组变量名称虽然相同，但却不能互换使用。

第 3 篇
游戏篇

游戏，你会玩，但是你会自己设计吗？
来吧，借助想象的力量，开启自制游戏的第一次尝试！

3.1 钓鱼

▶ 任务 19　设计一个钓鱼游戏

如图 3-1 所示，海面上，小猴悠闲地坐着小船钓鱼。海里有各种各样的小鱼、大鱼，也会有垃圾。当看到鱼游过来时，小猴赶紧把鱼钩的引线放下去，如果钓到一条大鱼，得 5 分；钓到小鱼，得 1 分；钓到垃圾，扣 10 分。

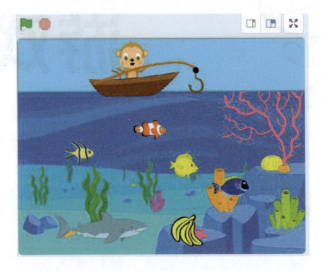

图 3-1　钓鱼游戏

【设计思路】

从图 3-1 中，可以看出设计这样一个钓鱼程序，要用到一个背景和若干个角色。大鱼和小鱼可以从角色库中找到，刚好每种鱼都有几种不同的造型。充当垃圾的香蕉和西瓜也可以在角色库中找到。背景、坐船的小猴和鱼钩需要上传角色或自行绘制。以上这几种角色在游戏中分别起到不同的作用。

小猴：拿着鱼竿始终位于水面上中间位置，保持不动。

鱼钩：初始位置在鱼竿的尾部。当单击空格键时，鱼钩下降，如果鱼钩碰到水底、鱼或垃圾后收线上升，回到初始位置。

小鱼、大鱼、垃圾：生成克隆体。克隆体切换随机造型生成不同类型的鱼或垃圾，在舞台上从左侧向右侧游动，消失在右侧边缘。如果中途碰到鱼钩，则跟随鱼钩上升。

为了增加游戏得分难度，可设置大鱼多在深海游动。

计分器的代码可加在任意一个角色上,也可以加在背景上,便于查找。当鱼钩钓到大鱼得5分;钓到小鱼,得1分;钓到垃圾,扣10分。

【实现步骤】

1. 设置背景和角色

(1)在背景区上传图片"海洋"作为游戏背景。

(2)小猴角色:上传图片"小猴"作为角色。

(3)鱼钩角色:上传图片"鱼钩"作为角色,将鱼钩放在钓竿的末端。

(4)小鱼角色:选择角色库中的图片"Fish"作为角色,在"造型"选项卡中可以看到它有四种不同的造型。

(5)大鱼角色:选择角色库中的图片"Shark2"作为角色,在"造型"选项卡中可以看到它有三种不同的造型。

(6)垃圾角色:选择角色库中的图片"Bananas"作为角色,在"造型"选项卡中给垃圾角色增加一个造型"Watermelon-a",并修改角色名为"垃圾"。

2. 设计小猴的程序

小猴在海面上钓鱼,不需要移动,可用程序固定其大小和坐标位置。小猴的代码如图3-2所示。

3. 设计鱼钩的程序

第一步 鱼钩初始化。

鱼钩是整个程序里最重要的角色。Scratch里角色的坐标是其中心点,因此要先确认鱼钩的中心点。在鱼钩连接鱼线的地方有一个黑点,可借助"造型"选项卡中的绘图编辑器使黑点成为鱼钩的中心点。框选鱼钩,将黑点移到中心点定位,如图3-3所示。(_____,_____)(填写你的鱼钩坐标)。

图3-2 小猴的代码

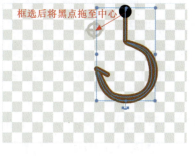

图3-3 定位鱼钩的中心

(1)"钓竿头x"和"钓竿头y",表示钓竿与鱼钩连接点的坐标。隐藏所有变量。

(2)使用"当 🏁 被点击"积木,启动程序。

(3)使用"将我的变量设为( )"积木,设置"钓竿头x"为"89","钓竿头y"为"124"(即你的鱼钩坐标)。

(4)使用"移到x:( ) y:( )"积木,设置鱼钩移到坐标(钓竿头x,钓竿头y)处。

(5)使用"全部擦除"积木,清空屏幕。

(6)使用"将笔的粗细设为( )"积木,将画笔的粗细设为"1"。

(7)使用"将笔的颜色设为"积木,将画笔的颜色设为"黑色"。

鱼钩的初始化代码如图3-4所示。

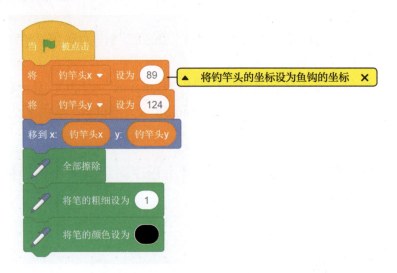

图3-4 鱼钩的初始化代码

第二步 编写鱼线的代码。

当单击空格键时,鱼钩开始放线和收线。放线动作主要是鱼钩下移,用画笔画线即可。若鱼钩碰到鱼、垃圾或海底(舞台边缘),则收线。钓鱼线要用画笔来实现。此处要新建一个变量"当前y",来保存收线位置的y坐标。每次上升时,需要擦除原先的线,并且从钓竿头到鱼钩当前位置再画一条线。鱼钩的位置是不断变化的,因此需要用一个变量记录鱼钩的当前位置,不断地将当前位置增加10,再从钓竿头到当前位置画线。如图3-5所示为收放线流程图。

(1)新建公有变量"当前y",用来保存收线时鱼钩位置的y坐标。

(2)使用"当按下空格键"积木作为程序启动的指令。

(3)使用"落笔"积木,开始绘制鱼线。

（4）使用"重复执行直到<>"积木，设置条件循环：当鱼钩没有"碰到舞台边缘"时，重复执行"将 y 坐标增加 -10"的指令，使鱼钩持续向下移动。如果鱼钩"碰到舞台边缘"，则开始收线了，跳出循环结构，执行步骤（5）。

（5）使用"抬笔"积木，结束鱼线的绘制。

（6）使用"将我的变量设为（）"积木，将变量"当前 y"设为变量"y 坐标"，这一步用来保存当前位置的 y 坐标。

（7）使用"重复执行直到<>"积木，设置条件循环："当前 y > 钓竿头 y"或"当前 y = 钓竿头 y"时，如果条件满足，程序结束；如果条件不满足，重复执行步骤（8）至步骤（13）。

（8）使用"将我的变量增加（）"积木，将变量"当前 y"的增加值设置为"10"，将鱼钩不断上移，即收线。

（9）使用"全部擦除"积木，清除原先绘制的线条。

（10）使用"将 y 坐标设为（）"积木，设定参数为变量"钓竿头 y"，即设定钓竿头为绘制线条的上端点。

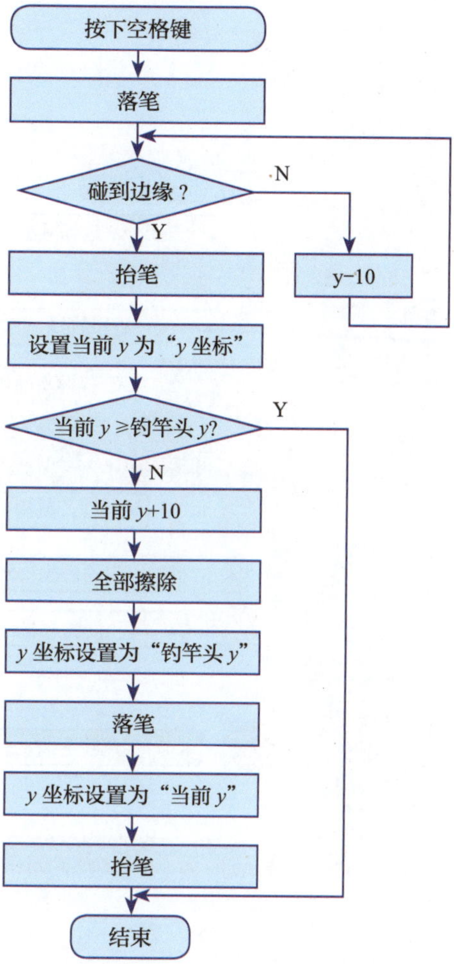

（11）使用"落笔"积木，开始从钓竿头（上端点）至下端点绘制鱼线。

（12）使用"将 y 坐标设为（）"积木，设定参数为变量"当前 y"，即设定绘制线条的下端点。

（13）使用"抬笔"积木，结束鱼线的绘制。

收放线的代码如图 3-6 所示。

图 3-5　收放线流程图

4. 编写小鱼的代码

角色库中的"Fish"在游戏中担任小鱼的角色，它有四种不同的造型，如图 3-7 所示。但四条鱼还是太少了，可以用克隆体创造出络绎不绝的小鱼，并设置随机切换小鱼的造型，再让它们从舞台左侧边缘游到右侧边缘。

Scratch 3.0 艺术进阶

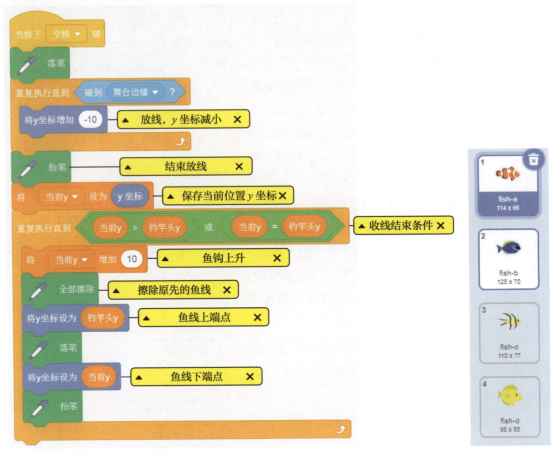

图 3-6 收放线的代码 　　　　　　　图 3-7 四种造型

第一步 克隆小鱼。

克隆小鱼的代码如图 3-8 所示。

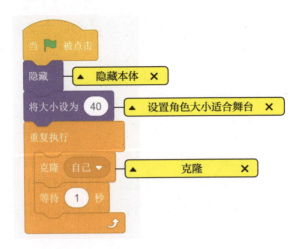

图 3-8 克隆小鱼的代码

知识点 —— 双向移动框架

Scratch 程序中常见的一种场景就是角色从屏幕一边的任意位置,移动到另一边结束。实现的方法是设计一个条件循环。例如,横向移动的代码如图 3-9 所示。

(1)将 x 坐标设为 –240,y 坐标设为"在 –80 和 30 之间取随机数",即起点为屏幕左侧边缘。

(2)设置循环结构:x 坐标 >230 之前,将 x 坐标增加 10,即鱼儿从左侧边缘,以每次前进 10 的速度游向右侧边缘。

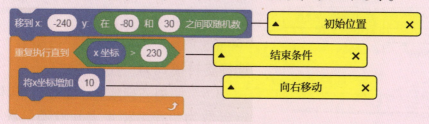

图 3-9 横向移动的代码

如果是纵向移动,则应使 y 坐标从 180(或 –180)开始,设置循环结构:当 y 坐标 <180(或 y 坐标 <180)时,将 y 坐标增加 "–10(或 10)"。

如果是左右移动,则要用到一个二分结构,如图 3-10 所示。

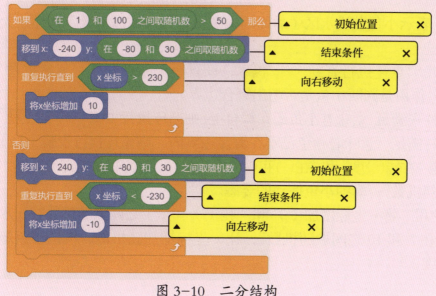

图 3-10 二分结构

Scratch 3.0 艺术进阶

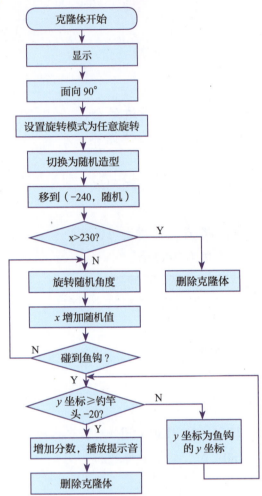

图 3-11 小鱼克隆体的流程图

第二步 编写克隆小鱼的代码。

小鱼的游动是忽快忽慢的，可以用随机数表示速度和方向；小鱼碰到鱼钩后跟随鱼钩上升，到达目标后加分，并删除克隆体。小鱼克隆体的流程图如图 3-11 所示。

（1）新建公有变量"分数"，用来计分。

（2）使用"当作为克隆体启动时"积木，启动克隆体程序。

（3）使用"显示"积木，将克隆体显示出来。

（4）使用"面向（ ）方向"积木，设定角色面向 90° 方向。

（5）使用"将旋转方式设为（ ）"积木，选择旋转模式为"任意旋转"。

（6）使用"换成（ ）造型"积木，设定参数为"在 1 和 4 之间取随机数"。因为小鱼有 4 个造型，每个数代表一个造型，实现随机切换。

（7）使用"移到 x：（ ）y：（ ）"积木，设定 x 的参数为"-240"、y 的参数为"在 -80 和 30 之间取随机数"，将小鱼移到（-240，随机位置）。y 坐标是一个范围，"-80 ~ 30"表示小鱼在浅水区（后面的大鱼可以让其在深水区，这样让大鱼比小鱼难钓一些）。

（8）使用"重复执行直到 <>"积木，设置一个条件循环，其参数设为"x 坐标 >230"，作用是判断小鱼是否超出舞台边界。

如果条件未满足，意味着小鱼还在舞台上，则循环执行步骤（9）到步骤（15）。

如果条件满足，意味着角色已不在舞台边界内，则循环执行步骤（16）。

（9）使用"右转（ ）度"和"在（ ）和（ ）之间取随机数"积木，设定参数为"在 -5 和 5 之间取随机数"，模拟小鱼摆动的姿态。

（10）使用"将 x 坐标增加（ ）"和"在（ ）和（ ）之间取随机数"积木，设定参数为"在 2 和 10 之间取随机数"，让 x 坐标增加随机值，模拟小鱼忽快忽慢的移动速度。

（11）使用"如果 <> 那么"积木，设定条件为"碰到鱼钩？"，用来判断小鱼是否被鱼钩碰到。

如果条件不满足，则执行步骤（16），即没钓到小鱼。

如果条件满足，则跟随鱼钩上升，执行步骤（12）至步骤（15）。

（12）使用"重复执行直到 <>"积木，设定条件为"y 坐标 = 钓竿头 y -20"或"y 坐标 > 钓竿头 y -20"（这里的 20 是鱼钩 y 坐标的偏移量，目的是为了让小鱼位于鱼钩中心的下方）。

如果条件未满足，则继续执行指令：使用"将 y 坐标设为（ ）"积木，设定参数为"鱼钩"的"y 坐标 -20"，让小鱼一直跟着鱼钩移动。

如果条件满足，则执行步骤（13）至步骤（15）。

（13）使用"将我的变量增加（ ）"积木，将变量"分数"的增加值设为"1"，即钓到一条小鱼增加 1 分。

（14）使用"播放声音（ ）"积木，播放提示音"Ricochet"。

（15）使用"删除此克隆体"积木，删除克隆体。

（16）使用"删除此克隆体"积木，删除克隆体，结束程序。

小鱼克隆体的代码如图 3-12 所示。

5. 编写大鱼和垃圾代码

大鱼和垃圾的代码可以按照小鱼的代码来编写。为了增加游戏难度，可让大鱼出现在小鱼的下方，只须修改 y 坐标，即积木改为 移到 x: -240 y: 在 -120 和 -80 之间随机数 ，也可修改积木 将大小设为 40 ，将大鱼和垃圾的大小分别修改为"50"和"30"，增加游戏趣味。

钓到大鱼和垃圾得到的分数与小鱼不一样，将积木 将 分数 增加 1 中的分值参数分别修改为"+5"和"-10"。

6. 游戏结束的控制

一个好玩的游戏，往往都要对玩家计分，对于这个游戏，可以设置 1min 的游戏时间，看最后能得多少分。

对程序总体起作用的代码，如游戏时间的控制、背景音乐的控制，等等，可以放在背景里，尤其在角色较多的情况下，背景里的代码很容易被找到。养成这样的编程习惯会对提高效率有很大帮助。

第一步 利用"侦测"模块里的积木"计时器"来控制游戏时间。

（1）新建一个公有变量"结束"作为程序是否结束的标志，程序开始时变量"结束"=0，结束时变量"结束"=1。隐藏变量。

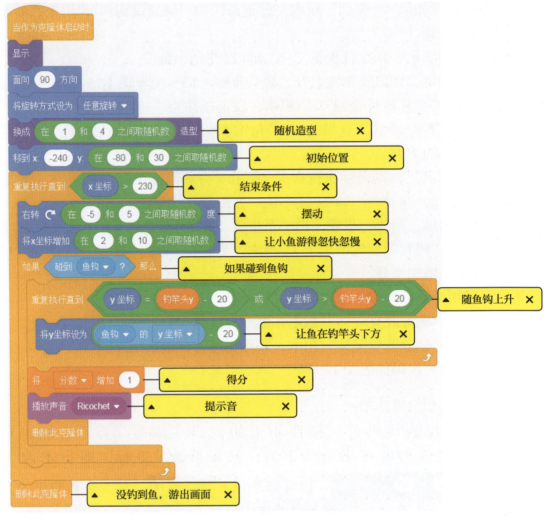

图 3-12 小鱼克隆体的代码

（2）使用"当 ▶ 被点击"积木，启动程序。
（3）使用"计时器归零"积木，初始化计时器。
（4）使用"将我的变量设为（ ）"积木，将变量"结束"设为"0"。
（5）使用"等待（ ）秒"和"（ ）>（ ）"积木，设置等待时间为"计时器>60"，即 60s 后游戏结束。
（6）使用"将我的变量设为（ ）"积木，将变量"结束"设为"1"。
（7）使用"广播（ ）"积木，新建广播消息"结束"。
（8）使用"停止所有声音"积木，暂停游戏背景音。
计时器的代码如图 3-13 所示。

第二步 增加计分功能，播放背景音乐，增加游戏乐趣。

（1）使用"当 🏳 被点击"积木，启动计分程序。

（2）使用"将我的变量设为（ ）"积木，将变量"分数"设为"0"。

（3）使用"重复执行直到 <>"积木，设置一个条件循环，当变量"结束=1"条件不成立时，播放声音"Emotional Piano"并等待播完。

计分和背景音乐的代码如图 3-14 所示。

图 3-13　计时器的代码　　　　图 3-14　计分和背景音乐的代码

【验证程序】

单击 🏳 按钮后，游戏开始运行，运行一段时间后，发现几个问题。

问题一：当游戏结束时，克隆体还在运行。

因为小鱼、大鱼、垃圾角色的代码一直处于克隆状态，会不断产生克隆体。当游戏结束时，应停止所有角色（小鱼、大鱼、垃圾）的克隆体，更改代码如图 3-15 所示。当接收到结束信息时，应删除所有克隆体，代码如图 3-16 所示。

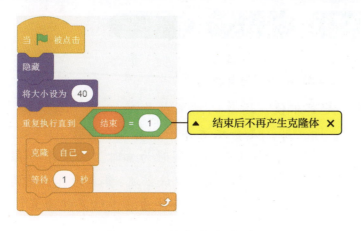

图 3-15　结束克隆代码　　　　图 3-16　删除克隆体

问题二：鱼钩碰到鱼和垃圾时，并没有停止运动，而是触到海底才收线。

因为在编写鱼钩程序时，只设置了条件"碰到边缘"。此处应该修改条件为碰到任何一个克隆体，代码都结束循环，向上收线。修改代码如图 3-17 所示。

图 3-17　更改收线的条件代码

问题三：游戏结束后没有一个宣布结果的场景。

当计时 60s 之后，游戏自动停止，小猴这时说："你的得分是 XX 分。"增加小猴宣布分数的代码，如图 3-18 所示。

图 3-18　宣布分数的代码

解决完以上问题后，再次验证程序，自己设计的第一款游戏正式出道了，赶紧玩起来吧！

【"老司机"留言】

逻辑运算之"与""或""非"如图 3-19 所示。

（a）与　　　（b）或　　　（c）非

图 3-19　逻辑运算

积木中的参数（条件）是布尔值，运算的结果也是布尔值，"与"和"或"是二元运算，需要两个参数，而"非"是一元运算，只要一个参数。

"与"运算，是"并且"的关系，当两个条件同时为真时，结果才为真，只要有一个条件为假，其结果就为假，可以用这样的口诀描述：真真为真，一假则假。

"或"运算，是"或者"的关系，只要有一个条件为真，结果就为真，口诀为"假假为假，一真则真"。

"非"运算，则是"将真变假，将假变真"。

3.2 天罗地网

▶ 任务20 设计一个小女巫找金钥匙的游戏

如图 3-20 所示，三个移动的小球之间有一张形状不断变化的网。用鼠标拖动小女巫，躲避小球和网，寻找随机出现的金钥匙。如果不幸碰到网或小球则游戏结束，此时屏幕上显示小女巫取得了几枚金钥匙。

图 3-20 寻找金钥匙

【设计思路】

从图 3-20 中，可以看出制作这样一个寻宝游戏，要用到小女巫、金钥匙和三个小球这几个角色，都可以从角色库中找到。

小女巫：能用鼠标控制的角色。碰到三个小球和网时，则游戏结束。

金钥匙：在舞台上随机出现。当被小女巫碰到时，金钥匙消失，并出现在其他随机位置。

三个绿色的小球：在舞台上随机移动，碰到舞台边缘就反弹。

三个小球之间的连线组成一张网：网的形状并不固定，而是由三个小球的位置决定的，因此这个网需要用画笔来实现，这个网是一个"点"角色。

黑色图片：与实现拖尾效果的黑色图片相同，用来实现拖尾特效。

游戏涉及的角色如图 3-21 所示。

图 3-21 角色总览

1. 小球

三个小球分别沿着各自的运行轨迹运动，代码基本相同，仅初始位置不同。先新建一个角色Button1，编写完代码后，再复制出两个角色——Button2和Button3。

角色Button1的代码如图3-22所示。

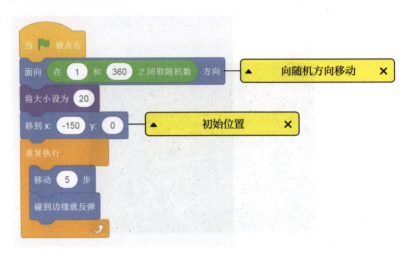

图3-22　角色Button1的代码

复制角色的方法：在角色区，将鼠标移到角色Button1上，单击右键弹出选项框，选择"复制"命令，如图3-23所示。

这样就会生成一个代码完全相同的新角色，用同样的方法再复制一个，就会出现三个如图3-24所示的角色。修改另外两个小球的初始位置，分别设为（0，0）、（150，0）。

图3-23　复制角色

图3-24　三个小球角色

2. 网

这张网需要用画笔来实现，方法是在三个小球间移动并落笔，先创建一个"点"角色。网的流程图如图3-25所示。

（1）使用"当 🏁 被点击"积木，启动程序。

（2）使用"全部擦除"积木，清空屏幕。

（3）使用"将笔的颜色设为"积木，设置画笔颜色为"绿色"。

（4）使用"将笔的粗细设为（）"积木，设置画笔粗细为"5"。

（5）使用"重复执行"积木设置一个循环：使用 3 次"移到（）"积木，参数分别是 Button1，Button2，Button3。这一步的作用是让画笔角色连续在 3 个小球中移动。使用"落笔"积木，绘制三个小球之间的网。

网的代码如图 3-26 所示。

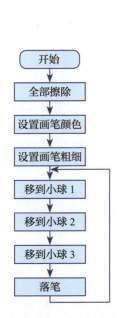

图 3-25　网的流程图

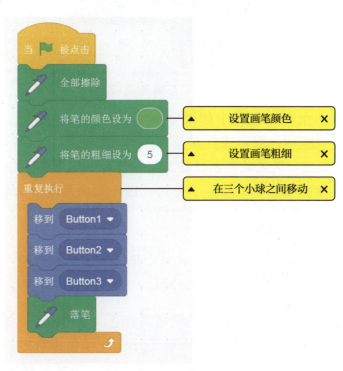

图 3-26　网的代码

图 3-27　黑色图片的代码

3. 黑色图片

画笔落下会在背景上画出线条，形状并不是网，而是大片的绿，这时就要用到拖尾特效。新建一个大小为 480×360 的黑色图片作为角色，设置虚像特效并且重复执行图章指令，代码如图 3-27 所示。可以看到，一张网真的实现了。

4. 金钥匙

金钥匙会随机出现在任意位置，设置金钥匙经过随机时间变化一次位置，以增加游戏的趣味性。

金钥匙的代码如图 3-28 所示。

5. 小女巫

小女巫跟随鼠标移动，可用如图 3-29 所示的方法来实现。

图 3-28　金钥匙的代码　　　图 3-29　跟随鼠标移动

小女巫在移动中如果碰到了网，则游戏结束，这里的网是用画笔实现的，因此只能通过颜色来判断是否撞网。

注意：这里的颜色设置不可以直接用画笔颜色。因为有虚像效果图片的叠加，网实际的颜色已经发生了变化，因此需要用鼠标来拾取真实的颜色。

知识点——如何用鼠标拾取颜色

单击颜色框里的"碰到颜色（ ）"积木，会出现一个下拉菜单，如图 3-30 所示。最下方的图标就是颜色拾取器。单击颜色拾取器，鼠标位置就会出现一个圆形的放大镜，用放大镜的中心点在舞台上拾取想要的颜色。如图 3-31 所示，单击即可完成颜色的拾取。

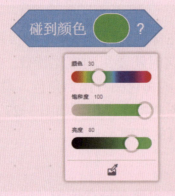 

图 3-30　颜色拾取器　　　　图 3-31　拾取颜色

小女巫的流程图如图 3-32 所示。

（1）新建公有变量"分数"和"失败"，隐藏两个变量。

（2）使用"当 ▶ 被点击"积木，启动程序。

（3）使用"将大小设为（）"积木，将小女巫的大小设为"30"。

（4）使用"将我的变量设为（）"积木，将变量"分数"和"失败"分别设为"0"。变量"失败"有两个值，为 0 时游戏正常，为 1 时游戏结束。

（5）使用"移到 x:（）y:（）"积木，将小女巫移到（-200，-180）这个位置，也就是屏幕左下方，这是小女巫的初始位置。

（6）使用"重复执行直到<>"积木，设置一个条件循环，其参数为"失败 =1"。如果条件满足，则程序结束。如果条件不满足，重复执行步骤（7）到步骤（9）。

（7）使用"移到（）"积木，选择参数为"鼠标指针"，设置小女巫粘在鼠标上，随鼠标的移动而移动。

（8）使用"如果<>那么"积木设置一个条件循环，参数为"碰到颜色（）"或"碰到 Button1"或"碰到 Button2"或"碰到 Button3"，用于检测小女巫是否碰到小球和网。如果条件满足，则使用"播放声音（）等待播完"积木来播放失败的音效"Zoop"。再使用"将我的变量设为（）"积木，将变量"失败"设为"1"。

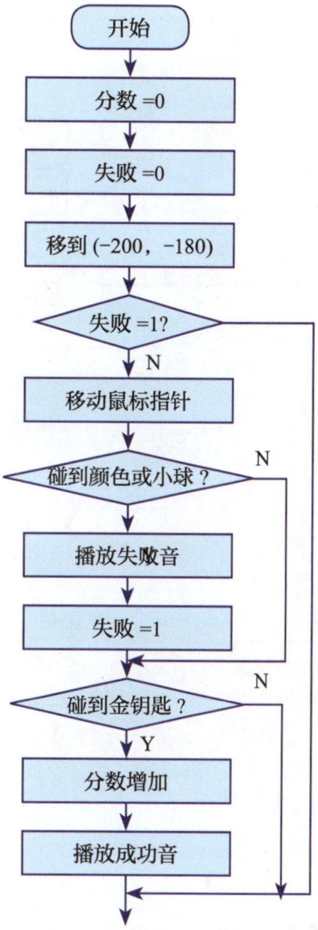

如果条件不满足，则执行步骤（9）。

（9）使用"如果<>那么"积木设置一个条件循环，参数为"碰到 Key（金钥匙）"，用于检测小女巫是否拿到了金钥匙。如果条件满足，则使用"将我的变量增加（）"积木，将变量"分数"的增加值设为"1"，并使用"播放声音（）"积木，播放成功的音效"Fairydust"。

如果条件不满足，则继续游戏。

小女巫的代码如图 3-33 所示。

图 3-32　小女巫的流程图

Scratch 3.0 艺术进阶

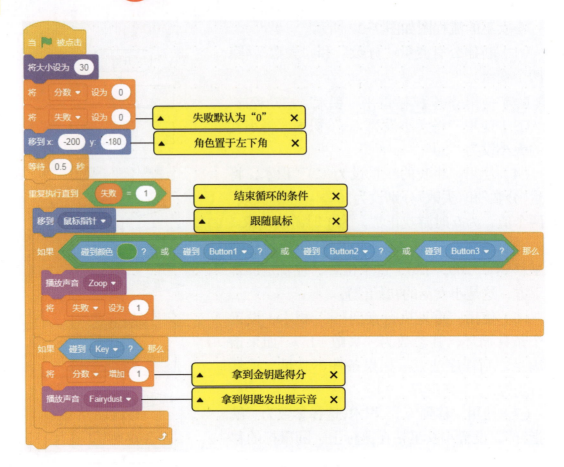

图 3-33 小女巫的代码

【验证程序】

使用"当 ▶ 被点击"积木，启动程序，发现两个问题。

问题一：小女巫的起点坐标并没有在舞台左下角。

原因是当鼠标在屏幕左上角单击 ▶ 按钮时，小女巫马上就移到鼠标指针位置，所以，增加一条指令，如图 3-34 所示。延迟小女巫的动作，让她在 0.5s 后再移到指针位置，就可从左下角上场了。

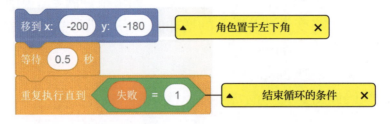

图 3-34 延迟小女巫的动作

问题二：当小女巫触网后，小球和金钥匙仍旧在运动。

利用变量"失败"控制代码中的循环条件，当"失败=1"时，不再进行循环，所有无条件的重复执行"死循环"都可以改成有条件的循环，因此小球的代码可以按如图3-35所示进行修改。用同样的方法，更改其他小球和金钥匙的代码。

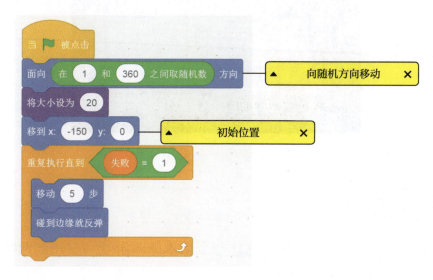

图3-35 修改"死循环"的代码

【"老司机"留言】

在程序编写的初期，常会事先用无条件的"重复执行"积木来循环执行某些步骤，当玩家操作到一定阶段需要使程序停下来时，却碍于这个循环的存在，会使程序无限进行下去，因此需要换成一个有条件的循环，这个结束的条件就可以用一个变量的值来实现，就如本节的变量"失败"，变量"失败"为0时循环执行代码，为1时则终止循环。

3.3 切木条

任务21 设计一个切木条的游戏

如图3-36所示，舞台中央有一根左右移动的木条，一把刀从天而降。单击左右方向键可以控制刀的左右移动，按下空格键时刀落下，木条被切中后变短。刀切了10次后，显示木条现在的长度。

Scratch 3.0 艺术进阶

图 3-36 切木条

【设计思路】

从图 3-36 中可以看出，制作这样一个切木条的游戏，要用到两个角色：刀、木条，以及一个背景"Concert"。

刀：在角色库中找到图片"Magicwand"，并设为面向 180°方向，即成为角色"刀"。单击空格键，刀从天花板落下，无论是否切到木条，碰到舞台底部后回到原位置。单击空格键 10 次后，游戏结束，显示切中几次，木条还剩下多长。

木条：可以左右移动，碰到舞台的左右边缘后向相反方向移动。被切中后留下左边的一半（由于判断左段和右段哪个更长，再留下哪一半的程序设计较复杂，所以本书设置为留下左段），继续移动。

【程序设计】

1. 木条

第一步 新建"画木条"积木。

"画木条"积木的参数包含三个：长（木条的长度），x（木条左上角的 x 坐标），y（木条左上角 y 坐标），如图 3-37 所示。

由于木条被上方落下的刀切中的位置不是固定的，无法确定被切断后的木条有多长，不能通过造型切换来实现程序效果，只能利用"点"角色绘制木条。木条是一个长方形，可以用粗细为 1，长度相等的横线逐行画线，并在画每条线时变化画笔的亮度。这里木条的高度是 15，因此画 15 条紧挨着的横线，就形成了木条。

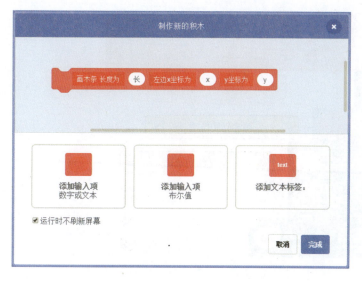

图 3-37 自制"画木条"积木

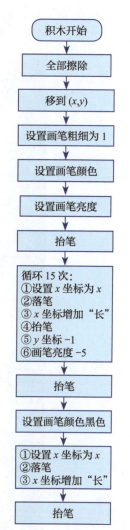

图 3-38 "画木条"积木的流程图

使用自制的"画木条"积木，可瞬间画好一段木条。

自制"画木条"积木的流程图如图 3-38 所示，积木代码如图 3-39 所示。

（1）使用"全部擦除"积木，清空屏幕。

（2）使用"移到 $x:(\ )y:(\ )$"积木，设置参数为 x 和 y，这里的 x、y 是自制积木"画木条"中的参数。这条指令会将画笔移动到起始位置（木条左上角）。

（3）使用"将笔的粗细设为（）"、"将笔的颜色设为"和"将笔的亮度设为（）"积木，分别设置画笔粗细为"1"，颜色为"红色"，亮度为"80"。

（4）使用"抬笔"积木抬笔。

（5）使用"重复执行（）次"积木，设置一个条件循环，其参数为 15，即循环 15 次。当循环次数大于 15 时，执行步骤（12）。当循环次数小于或等于 15 时，重复执行步骤（6）至步骤（11）。

（6）使用"将 x 坐标设为（）"积木，设置参数为"x"（"画木条"积木的参数），代表木条左边缘的 x 坐标。

（7）使用"落笔"积木落笔，开始绘制。

（8）使用"将 x 坐标增加（）"积木，设置参数为"长"（"画木条"积木的参数），即指定木条的长度。这条指令执行横向画线动作。

（9）使用"抬笔"积木，结束绘制。

（10）使用"将 y 坐标增加（）"积木，设置参数为"-1"，即将 y 坐标下移，

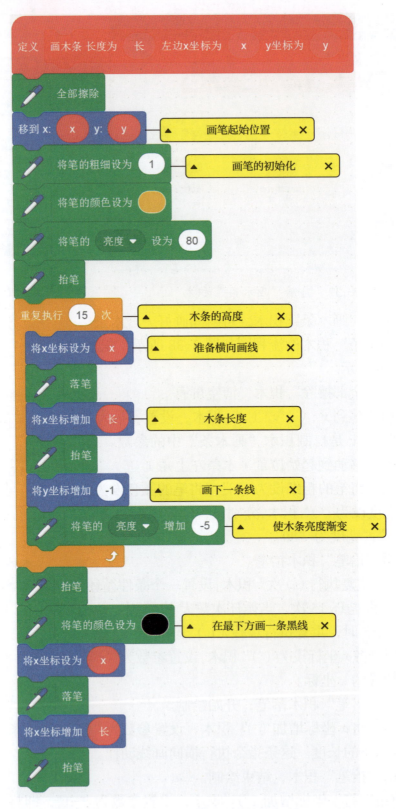

图 3-39 "画木条"积木的代码

准备下一条横线的绘制。

（11）使用"将笔的亮度增加（ ）"积木，设置参数为"-5"，即下一条横线的亮度会变暗。

（12）准备用画线的方法，再画一条等长的黑线，形成阴影的效果，步骤如下：

① 使用"抬笔"积木抬笔，结束绘制。

② 使用"将笔的颜色设为"积木，设置参数为"黑色"。

③ 使用"将 x 坐标设为（ ）"积木，设置参数为"x"（"画木条"积木的参数），代表木条左边缘的 x 坐标。

④ 使用"落笔"积木落笔，开始绘制。

⑤ 使用"将 x 坐标增加（ ）"积木，设置参数为"长"，即木条的长度。横向画一条黑线。

⑥ 使用"抬笔"积木，结束画线。

第二步 编写移动木条的代码。

木条在舞台上左右往返移动，碰到舞台边缘则转变方向。由于木条是画笔画出的形状，不适合用  这个指令，应该用坐标和方向来做判断。因此需要创建三个变量：木条方向、木条长度、木条 x。

木条方向：向左移动，木条方向为"-90"；向右移动，木条方向为"90"。

木条 x：木条左侧的 x 坐标。

木条在舞台上的示意图如图 3-40 所示。先设置"木条方向"=90，即默认先向右移，设计一个循环来实现在舞台的左右边缘之间移动。

图 3-40 木条在舞台上的示意图

当"木条 x+ 木条长度 >220"时，木条左移。

当"木条 x<-220"时，木条右移。

可用"木条方向 ×-1"来转换移动方向。

木条移动的流程图如图 3-41 所示。

（1）新建公有变量："木条 x"，"木条长度"，"木条方向"，隐藏变量。

（2）使用"当 ▶ 被点击"积木，启动程序。

（3）新建"点"角色执行画笔功能。使用"隐藏"积木，隐藏"点"角色。

（4）使用"将我的变量设为（ ）"积木，设置木条的初始位置的 x 坐标即将

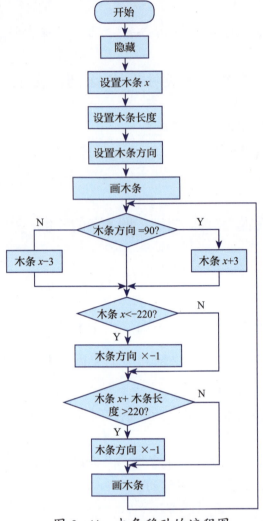

图 3-41 木条移动的流程图

变量"木条 x"设为"0"。

（5）使用"将我的变量设为（ ）"积木，设置变量"木条长度"为"200"。

（6）使用"将我的变量设为（ ）"积木，设置初始状态下变量"木条方向"为"90°"即面向右方。

（7）使用自制积木"画木条"，并设置参数：长度为"木条长度"，左边 x 坐标为"木条 x"，y 坐标为"-100"。这条指令会画出初始状态的木条。

（8）使用"重复执行"积木，设置一个循环，在循环中重复执行步骤（9）到步骤（12）。

（9）使用"如果 <> 那么……否则"积木，设置条件为"木条方向 =90"，用来判断木条目前的移动方向。如果条件满足，使用"将我的变量增加（ ）"积木，将变量"木条 x"的增加值设为"3"；如果条件不满足，则使用"将我的变量增加（ ）"积木，将变量"木条 x"的增加值设为"-3"。这里的参数"3"和"-3"代表木条移动的方向和距离。

（10）使用"如果 <> 那么……否则"积木，设置条件为"木条 x+ 木条长度 >200"，用来判断木条是否到了右侧靠近边缘的位置。如果条件满足，则使用"将我的变量设为（ ）"积木，将变量"木条方向"设为"木条方向 x×-1"，使木条向反方向移动。

（11）在步骤（10）的否则语句中，使用"如果 <> 那么"积木，设置条件为"木条 x<-220"，用来判断木条是否到了左侧靠近边缘的位置。如果条件满足，则使用"将我的变量设为（ ）"积木，将变量"木条方向"设为"木条方向 x×-1"，使木条向反方向移动。

（12）使用自制积木"画木条"重新画出木条。其参数与步骤（7）中的参数是相同的，即每次移动后都要根据变量"木条长度"和"木条 x"的值画出木条。

木条移动的代码如图 3-42 所示。

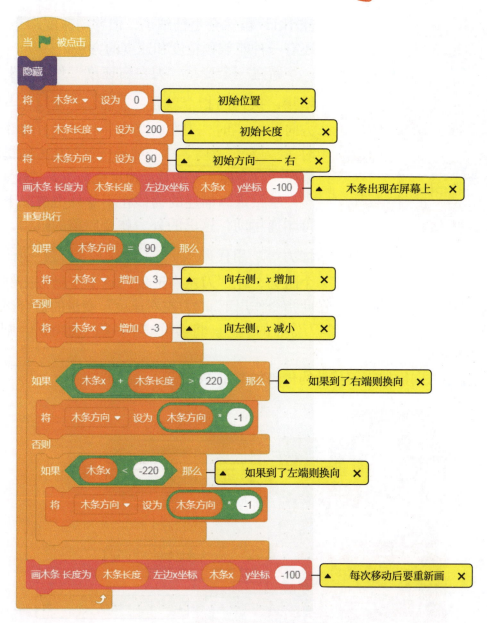

图 3-42 木条移动的代码

2. 刀

第一步 控制刀的左右移动。

✧ 单击键盘方向右键"→",刀右移。
✧ 单击键盘方向左键"←",刀左移。

用键盘方向键"→"和"←"键来控制刀的左右移动,代码如图 3-43 所示。这种方式控制的 x 坐标只能以 10 的倍数变化步数,如果将 x 坐标增加值

Scratch 3.0 艺术进阶

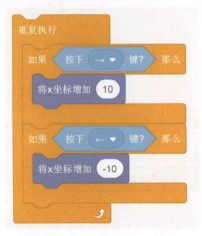

图 3-43 刀的左右移动

减小 1，虽然会更精细了，但移动速度却会变慢。还有一种能兼顾精度和速度的方法。

新建一个变量"刀左右速度"作为 x 坐标的增量，执行的指令就是 `将x坐标增加 刀左右速度`。当单击方向键"→"时，"刀左右速度"+1；单击方向键"←"时，"刀左右速度"-1。如果一直按住方向键时变量会一直增加，刀的移动速度也会越来越快。

牛顿定律描述的物体在不受外力情况下会保持匀速运动，这里的外力就是向前的阻力，如摩擦力等。用代码 `将 刀下落速度 设为 刀左右速度 * 0.9` 模拟这个阻力，让"刀左右速度"这个变量按比例不断减小。参数 0.9 就是阻力，在此指令作用下，"刀左右速度"变量的值会逐渐向 0 靠拢，更改这个值可以控制刀停止的缓急。将参数减小一些（如 0.8），则停下来的时间变短。

用左右方向键控制刀移动的代码如图 3-44 所示。

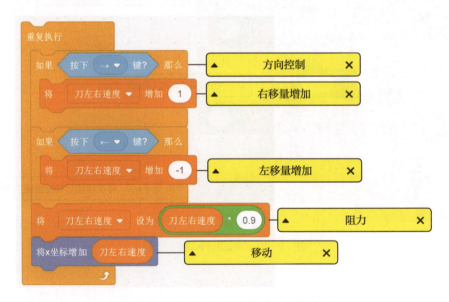

图 3-44 左右方向键控制刀的移动

第二步 刀下落切中木条。

单击空格键，刀下落。新建一个变量"刀下落速度"。为了使刀的下落过程更逼真，给下落过程施加一个重力加速度。变量"刀下落速度"从 0 开始，下落过程中始终有一个固定增量代表重力加速度的作用。这一段的代码如图 3-45 所示。

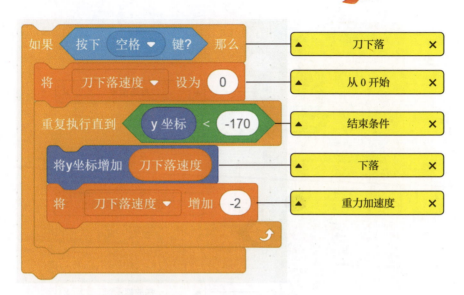

图 3-45　刀下落切中木条的代码

木条角色是用画笔画出来的，侦测是否碰到角色不精准，因此使用侦测颜色的功能。在下落过程中，如果碰到黑色，则记录刀的 x 坐标，作为木条新长度的依据，并发出"切中木条"的消息。木条收到"切中木条"消息后，将调整新的长度，使画笔能在收到消息时画出新长度的木条。

当木条碰到颜色时仍在下落，这时会一直碰到颜色，就会一直发消息，导致条件成立时的所有指令反复执行，此处需要用到"标志"技术。

—— 标志

所谓标志，是一个变量，用来存放一个事件发生与否，通过对标志的判断，决定是否对发生的事件进行处理。在切木条游戏中，第一次碰到颜色时做出处理，继续下落检测到的事件就不再处理，这时可以建一个"切中标志"的变量，单击空格键开始下落时这个标志为 0，当碰到颜色时，先对标志进行判断，如果为 0，表示是第一次碰到，这时候处理事件，并将标志设置为 1，如果再次碰到这个颜色，因为要先检测标志是否为 0，而此时标志已经为 1，所以不再对事件进行处理，标志部分代码如图 3-46 所示。

Scratch 3.0 艺术进阶

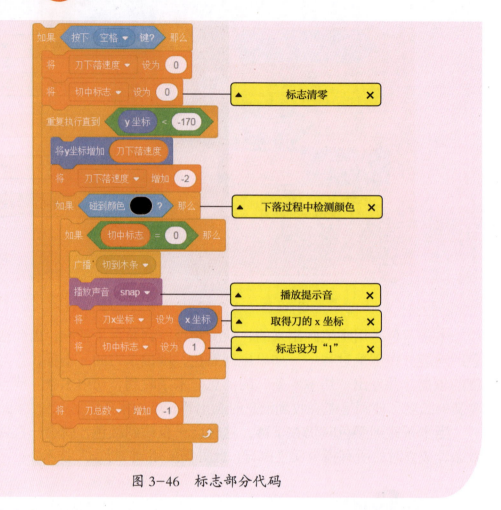

图 3-46 标志部分代码

3. 绘制角色"刀"的流程图

角色"刀"的流程图如图 3-47 所示。

4. 编写角色"刀"的代码

（1）新建公有变量"刀左右速度"、"刀下落速度"、"刀 x 坐标"、"切中标志"、"刀总数"和"切中刀数"，并隐藏变量。

（2）使用"当 ▶ 被点击"积木，启动程序。

（3）使用"将我的变量设为（ ）"积木，设置变量"刀总数"为 10，即程序开始时有 10 把刀。

（4）使用"将我的变量设为（ ）"积木，设置变量"切中刀数"为 0，即还没开始切木条。

（5）使用"移到 x：（ ）y：（ ）"积木，设置刀的初始位置坐标为（0，150）。

（6）使用"重复执行"积木，设置一个循环，重复执行以下步骤。

（7）使用"如果<>那么"积木，设置条件循环，参数为"按下→键？"，用

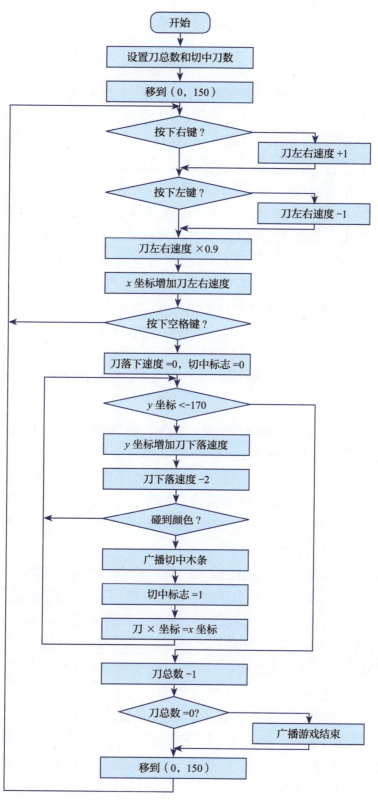

图 3-47 角色"刀"的流程图

来判断是否单击了方向键"→"。如果条件成立，则将变量"刀左右速度"的增加值设为"1"。

（8）使用"如果 <> 那么"积木，设置参数为"按下←键？"，用来判断是否单击了方向键"←"。如果条件成立，则将变量"刀左右速度"的增加值设为"-1"。

（9）使用"将我的变量设为（ ）"积木，将变量"刀左右速度"设为"刀左右速度 × 0.9"，使变量"刀左右速度"的值按比例减小，最终会趋近 0。

（10）使用"将 x 坐标增加（ ）"积木，设置参数为"刀左右速度"，使 x 坐标发生变化，变化量就是变量"刀左右速度"的值。

（11）使用"如果 <> 那么"积木，设置参数为"按下空格键？"，用来判断是否单击了空格键。如果条件满足，则执行步骤（12）至步骤（20），让刀开始下落。

（12）使用"将我的变量设为（ ）"积木将变量"刀下落速度"设为"0"。

（13）使用"将我的变量设为（ ）"积木将标志变量"切中标志"设为"0"。

（14）使用"重复执行直到 <>"积木，设置一个条件循环，条件为"y 坐标 <-170"，判断刀是否落到舞台底部。当条件满足时执行步骤（18），条件不满足时继续循环，执行步骤（15）至步骤（17）。

（15）使用"将 y 坐标增加（ ）"积木，将 y 坐标的变化量设为变量"刀下落速度"的值。

（16）使用"将我的变量增加（ ）"积木，将变量"刀下落速度"的增加值设为"-2"，即模拟重力加速度。

（17）使用"如果 <> 那么"积木，设置条件为"碰到颜色？"，用来判断是否碰到木条的颜色。如果条件不满足，则执行步骤（18）。如果条件满足（碰到了木条的颜色），再使用一个"如果 <> 那么"积木，设置参数为"切中标志 =0"，即先判断"切中标志"是否为"0"。

如果"切中标志"为 0，则使用"广播"积木，发送"切中木条"消息；使用"播放声音"积木，播放切中的音效"snap"；使用"将我的变量设为（ ）"积木，设置变量"刀 x 坐标"为"x 坐标"，即保存当前的 x 坐标，作为计算新木条长度的依据；使用"将我的变量设为（ ）"积木，将"切中标志"设为"1"。

（18）使用"将我的变量增加（ ）"积木，将变量"刀总数"的增加值设为"-1"，表示已经使用了一把刀。

（19）使用"如果 <> 那么"积木，设置参数为"刀总数 =0"，用来判断刀是否用完，如果条件满足，则使用"广播"积木，发送消息"游戏结束"。

（20）使用"移到 x:（ ）y:（ ）"积木，设置参数为"0"和"150"，将刀移到（0, 150）的位置，即初始位置。

角色"刀"的完整代码如图 3-48 所示。

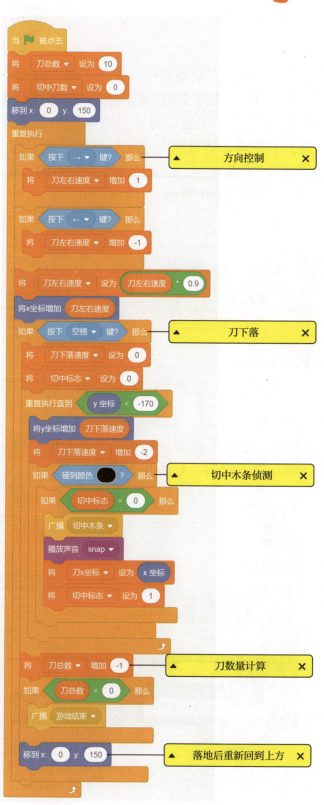

图 3-48 角色"刀"的完整代码

Scratch 3.0 艺术进阶

【验证程序】

使用"当 🚩 被点击"积木,启动程序,发现了两个问题。

问题一:木条被切中后,没有变短。这是因为没有重新画木条。因此,木条要加上一段代码。刀在切中木条后取得了刀的 x 坐标并发送消息"切中木条"。变量"刀 x 坐标"是公有变量,因此木条也可以访问,有了这个值,新的长度就是"刀 x 坐标 − 木条 x"("木条 x"已经定义为木条左侧的 x 坐标)。加上的一段代码属于角色"木条",如图 3-49 所示。

图 3-49 角色"木条"添加的代码

问题二:没有报告切中了几刀,木条还剩下多长。

可以新建一个角色,用来报告得分和剩余木条长度,例如,用角色库中的"Giga"作为角色,编写以下代码,如图 3-50 所示。

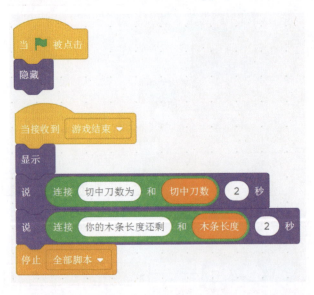

图 3-50 报告得分和剩余木条长度的代码

问题三:当"刀总数"为 0 后,还可以落刀,导致"刀总数"为负数,这是因为尽管当"刀总数"为 0 时发出了消息"游戏结束",由于 Giga 代码中报告结果有 4s 的时间,然后才停止全部脚本,在这个时间内刀还是会因按下空格键而下落,解决方法是,在刀的代码中增加两个积木,使刀在收到"游戏结束"消息后,立即停止自己的代码,增加的代码如图 3-51 所示。

图 3-51　控制刀角色结束的代码

3.4　巧匠建塔

▶ 任务 22　设计一个建塔游戏

如图 3-52 所示,舞台下方垒了几块长砖,舞台最上方有一块短砖。按住鼠标左键不放,上面的短砖会逐渐变长,松开鼠标后砖块下落,但长度不能超过下方垒好的最上面一块砖的长度。这样一层层向上搭建,垒成一座小塔。当下落的砖块长度超过下方垒好的最上面的一块砖的长度时,游戏结束。站在边上的裁判数了一下一共垒了几块砖,宣布游戏得多少分。

图 3-52　建塔游戏

Scratch 3.0 艺术进阶

【设计思路】

游戏中，下落砖块的长度与单击鼠标的时间有关，只能是画笔绘制的角色，因此需要新建一个"点"角色。落下的砖块不断增高，固定在舞台下方，也只能是画笔绘制的角色，此处需要创建另一个"点"角色。裁判是角色库中的 Abby，她可以对每次操作进行点评，并报告得分。舞台背景是背景库中的图片"Playing Field"。

在"切木条"游戏中，已经学习了木条的左右移动技巧，在这个游戏中则变成了向下移动。不同的砖有不同的长度，需要保存这些长度来画砖，此时要用到列表。

知识点 —— 列表

列表是一些类型相同的变量组成的序列，列表中的每个成员称为"元素"，列表有以下特性：

（1）元素的数据类型相同。

（2）元素之间是有序排列的。

（3）元素通过元素的序号进行访问，第一项的序号为1，依次排序。例如，班里每个同学的期末分数是同一类型的数据，就可以用列表来存放，用学生的学号作为序号，顺序存放。

一个列表具有四个要素：列表名称、元素的序号、元素的值、列表长度（元素的个数或项目数）。

在"变量"模块区，单击"建立一个列表"，并在弹出的对话框中输入列表的名称，如"砖长度列表"，如图3-53所示。列表创建完成后，就会在模块区出现与列表有关的积木了，如图3-54所示。

图3-53　砖长度列表

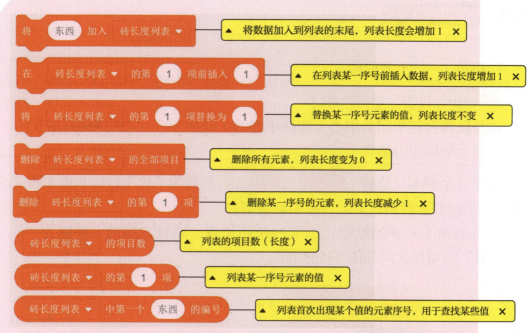

图 3-54 列表指令

在舞台上显示出的砖长度列表中，可以看到列表内元素的情况，如图 3-55 所示，塔有 4 层，因此列表的长度也为 4，从下至上是每块砖的长度值，分别是 200，150，118，76。列表第一项的序号为 1，最后一项的序号就是"项目数"，也就是列表长度，最后一项的值就是 [砖长度列表的第 砖长度列表的项目数 项]。

图 3-55 列表内元素的情况

【程序设计】

1. 角色1——上方的砖

第一步 自制"造砖"积木。

砖是以舞台正中间为中心（即砖中心的 x 坐标 =0），向两侧同时增长的，因此不需要 x 坐标作为参数了。

创建一个积木"造砖" ，参数为"长"（砖的长度）和"y"（y 坐标），创建积木时勾选"运行时不刷新屏幕"。

从砖的左上角开始绘制，画笔的起始位置，即最左端的 x 坐标为"0－长/2"，"砖"的角色代码如图 3-56 所示。

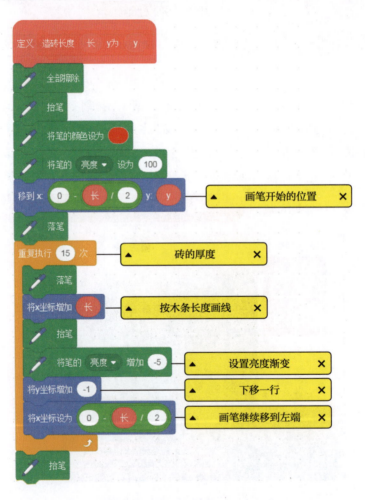

图 3-56 "砖"的角色代码

第二步 编写砖块变长和下落的代码。

单击鼠标后,砖开始变长(自舞台中心向左右两个方向伸展),松开鼠标按键,砖的长度不再变化,并开始下落。为了使游戏过程更加真实,依然施加重力加速度。

砖块下落到塔的最上方停止,那么塔最上方的 y 坐标是多少呢?

砖的厚度都是 15,每层砖的 y 坐标示意图如图 3-57 所示。可以得出最上层砖的 y 坐标:列表项目数 ×15-180。加上新砖的厚度,下落的 y 坐标 < 列表项目数 ×15-165。

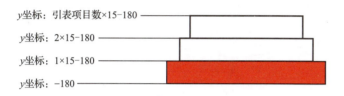

图 3-57　砖的 y 坐标示意图

下落完成后,把这块砖的长度加入列表。

砖下落的流程图如图 3-58 所示。

(1) 新建公有变量"砖长度","砖 y 坐标"和"砖下落速度",并隐藏所有变量和列表。

(2) 使用"当 ▶ 被点击"积木,启动程序。

(3) 使用"隐藏"积木,隐藏"点"角色。

(4) 使用"隐藏列表(砖长度列表)"积木,将列表隐藏起来。

(5) 使用"全部擦除"积木,清空屏幕。

(6) 使用"等待 1 秒"积木,延迟指令运行进度。等待 1s 是因为刚单击完 ▶ 按钮,鼠标处于下压状态,此时马上造砖会有失误。

(7) 使用"删除砖长度列表的全部项目"积木,清空"砖长度列表"。

(8) 使用"将( )加入砖长度列表"积木,设定参数为 200,把最底层的砖长 200 加入砖长度列表。

(9) 使用"重复执行"积木设置循环,循环中执行步骤(10)至(18)。

(10) 使用"将我的变量设为( )"积木,将变量"砖长度"设为 10,这是砖的初始长度。

(11) 使用"将我的变量设为( )"积木,将变量"砖 y 坐标"设为 170,这是砖的初始 y 坐标。

(12) 调用自制积木"造砖",将参数设为变量"砖长度"和"砖 y 坐标"。

Scratch 3.0 艺术进阶

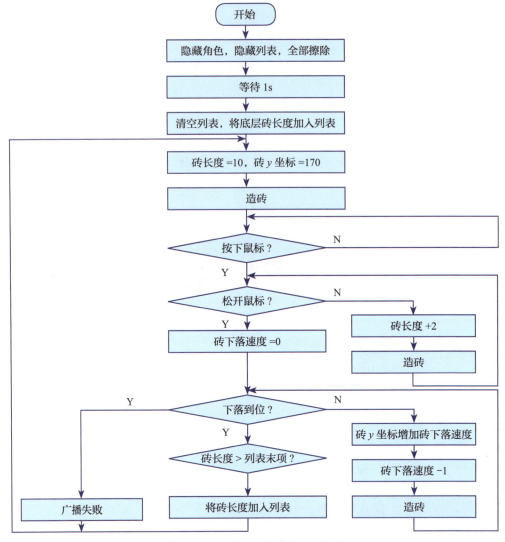

图 3-58 砖块下落的流程图

（13）使用"等待"积木，设置参数为"按下鼠标？"，如果鼠标按下，则执行步骤（14）。

（14）使用"重复执行直到 <>"积木，设置一个条件循环：使用"<> 不成立"积木将参数设为"按下鼠标？不成立"，作用是判断鼠标是否松开。

如果条件满足，意味着鼠标已松开，砖块即将下落，则执行步骤（16）到步骤（18）。

如果条件未满足，意味着还未松开鼠标，木条需要继续拉长，因此循环执行步骤（15）。

（15）使用"将我的变量增加（ ）"积木，将变量"砖长度"增加"2"，并调用自制积木"造砖"完成造砖过程，参数为变量"砖长度"和"砖 y 坐标"，作用是不断显示变长的砖。

（16）使用"将我的变量设为（ ）"积木，设置变量"砖下落速度"为"0"，准备开始下落。

（17）使用"重复执行直到<>"积木，设置一个条件循环，参数设为"砖y坐标"<"砖长度列表的项目数"×15-165，判断是否落到了最上层砖的位置。

如果条件不满足，则继续循环，在循环中，使用"将我的变量增加（ ）"积木，设置变量"砖y坐标"增加"砖下落速度"；使用"将我的变量增加（ ）"积木，设置变量"砖下落速度"的值增加"-1"；调用自制积木"造砖"完成造砖过程，参数为变量"砖长度"和"砖y坐标"。

如果条件满足，则执行步骤（18）。

（18）使用"如果<>那么……否则"积木，设定参数为"砖长度>砖长度列表的第'砖长度列表的项目数'项（即砖长度列表的最后一项）"，判断落下的砖的长度是否比塔的最上层的砖更长。

如果条件满足，则使用"广播"积木，发送消息"失败"。

如果条件不满足，使用"将（ ）加入砖长度列表"积木，将新落下的砖长度加入到列表中，完成一块砖的成功搭建。

砖块下落的代码如图3-59所示。

2. 角色2：下方的塔

在"砖长度列表"中存放的是每块砖的长度，即每层塔的长度，要把这些长度数据按顺序，在舞台下方从下至上显示成相应长度的砖。

第一步 自制积木"显示砖"。

塔上的每一块砖，都需要一个自制积木来搭建，其代码与上方的砖是一样的，只是积木名称不同。首先，新建一个自制积木"显示砖"，仍然创建两个参数"长"和"y"。

"显示砖"积木的代码如图3-60所示。

第二步 自制积木"整塔显示"。

自制积木"显示砖"完成了一块砖的显示，建塔要垒很多块砖，此时需要再制作一个不需要参数的自制积木"整塔显示"，并勾选"运行时不刷新屏幕"。整塔显示流程图如图3-61所示。

Scratch 3.0 艺术进阶

图 3-59 砖块下落的代码

图 3-60 "显示砖"积木的代码

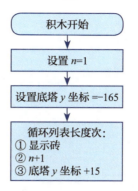

图 3-61 "整塔显示"流程图

整塔的显示方式是从塔长度列表的第 1 项到最后一项分别调用"显示砖"积木,用变量 n 作为计数器,每画完一块砖就跳到下一元素,并将"底塔 y 坐标"增加 15。

(1)新建公有变量"n"和"底塔 y 坐标",并隐藏变量。变量"n"表示砖长度列表的序号。"底塔 y 坐标"表示最上面的砖的 y 坐标值。

(2)使用"将我的变量设为( )"积木,设置变量"n"为"1",表示从列表序号为 1 的元素开始显示整塔。

(3)使用"将我的变量设为( )"积木,设置变量"底塔 y 坐标"为"-165",表示最底层砖的 y 坐标从最下层开始显示。

(4)使用"重复执行( )次"积木,设置参数为"砖长度列表的项目数",即循环执行砖的个数次,在循环中执行步骤(5)至(7)。

(5)调用自制积木"显示砖",设置参数为"长度:砖长度列表的第 n 项","y 坐标:底层 y 坐标",这一步会把塔的第 n 层砖显示出来。

(6)使用"将我的变量增加( )"积木,将变量"n"的值增加"1",处理列表的下一个元素。

(7)使用"将我的变量增加( )"积木,将变量"底层 y 坐标"的值增加一块砖的厚度"15",准备向上方继续建塔。

"整塔显示"的代码如图 3-62 所示。

Scratch 3.0 艺术进阶

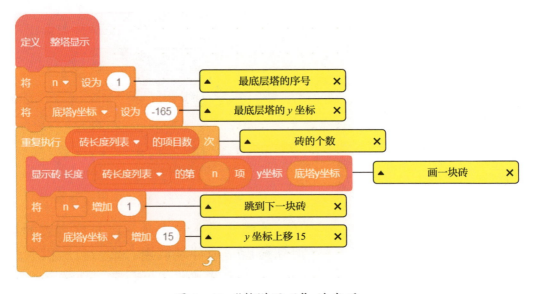

图 3-62 "整塔显示"的代码

注意：上方的砖和下方的整塔是同时显示的，画完上方砖后需及时显示下方的塔，最简单的方法是用一个消息来进行联络，新建一个消息"砖到底"，放在角色 1 的积木"造砖"的最后，当画完一个砖后立即发送出来，新建的消息如图 3-63 所示。

在角色 2 中，收到这个消息后会显示整塔，如图 3-64 所示。

图 3-63 新建的消息　　　　图 3-64 显示整塔

3. 裁判 Abby

当收到"失败"消息后，Abby 报分数并停止程序，代码如图 3-65 所示。

【验证程序】

使用"当 ▶ 被点击"积木，启动程序，发现几个问题。

图 3-65　Abby 报分数并停止程序

问题一：游戏时没有设置适当的音效，体验效果差。

增加两个播放声音的积木，位置 1——单击鼠标砖拉长时，位置 2——砖下落开始时。

在放每一块砖时，旁边的裁判 Abby 还可以对比当前砖长度与最后一层塔的长度来做评判，通过录制自己的声音或用"说"积木来丰富游戏体验，参考代码如图 3-66 所示，Abby 的评判分别如图 3-67、3-68、3-69 和 3-70 所示。

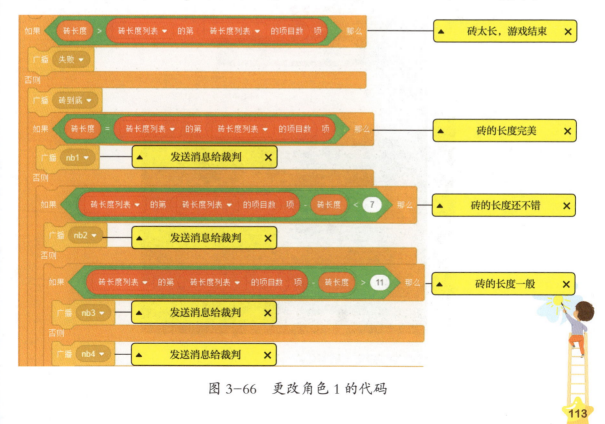

图 3-66　更改角色 1 的代码

Scratch 3.0 艺术进阶

图 3-67　相邻两层砖长度相等

图 3-68　相邻两层砖长度之差小于 7

图 3-69 相邻两层砖长度之差大于 11

图 3-70 相邻两层砖长度之差小于 11

问题二：舞台的屏幕空间仅可以放下 20 层的塔。

假如有一位高手，已经放了不止 20 块砖了，这时整塔的位置需要下移，即只显示列表最后面的 20 层。角色 2 的"整塔显示"积木需要增加一个判断，如

果列表长度 >20，就需要从序号为"列表长度 –19"的元素开始显示了，总共显示 20 层；否则，仍然执行原来的代码，参考代码如图 3-71 所示。

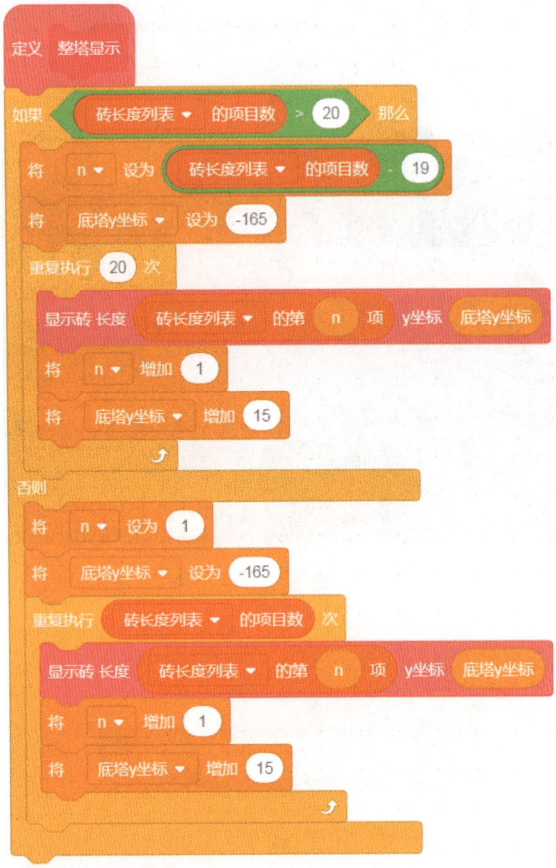

图 3-71　角色 2 参考代码

对于角色 1 来说，如果列表长度 >20 了，就只须下落到 y=120 的位置，因为下面一定已经有 20 层的砖了（20×15-180=120），修改角色 1 的代码如图 3-72 所示。

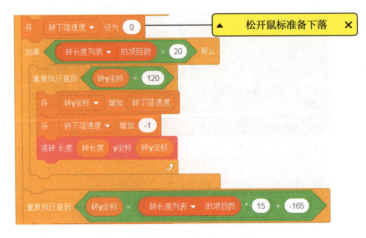

图 3-72　修改角色 1 的代码

第 4 篇 进阶篇

无以伦比的美,总是让人望而却步。
抽丝剥茧,踏上永远止境的艺术进阶之路……

艺术进阶

4.1 树

▶ 任务 23　用画笔绘制一棵树

【艺术效果】

用画笔绘制一棵树，其形象如图 4-1 所示。

图 4-1　树

【设计思路】

树上有数不清的树叶，感觉好复杂，似乎要编写很多代码！

其实，使用很少的代码，就可以画出这棵树，这就要用到一个编程技巧——递归。

——递归

递归（Recursion）是程序设计中常用的一种算法，表现形式为函数的自身调用，目的是把一个大规模的复杂问题，层层转化为处理方式类似的子问题，从而减少程序量。有一个例子形象地表达了递归的特性，是这样一个故事：

> 从前有座山，山上有座庙，庙里有个老和尚在讲故事，他说，从前有座山，山上有座庙，庙里有个老和尚在讲故事，他说，从前有座山，山上有座庙，庙里有个老和尚在讲故事，他说，……
>
> 这是一个自身调用的典型案例，不过这个故事没有结束，而在程序中使用递归，必须要创建一个结束的条件，称为"边界"，未满足边界条件时程序递归前进，满足边界条件时程序结束运行。简而言之，递归就是将代码做成积木的形式，自己调用自己，并且设置结束条件。

观察图 4-1 中的树，从根部开始，它有 7 级分叉。每次分完叉，偏转一个角度后，继续分叉，树枝的长度和亮度发生变化。在第 7 级分叉上长满了树叶。树叶的形状是一样的，只是角度不同。重复执行 7 级分叉，相当于一个子结构被调用了 7 次，可以用递归的方法画出这棵树。

把树的规模缩小，进行子结构的分析，如图 4-2 所示。整棵树可以划分为若干这样的子结构，每个子结构的处理方式是一样的，不同的地方是树枝长度和树枝亮度，可以用积木的参数来设置这些值。

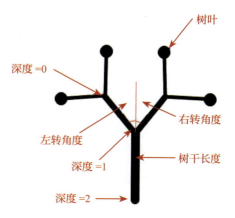

图 4-2 树的子结构分析

【实现步骤】

1. 创建背景、角色和变量

（1）在角色库找到图片"Light"，作为舞台背景。

（2）上传图片"树叶"，作为角色。

（3）新建公有变量"深度""左转角度""右转角度"。变量"深度"决定树的分枝层次，此处变量"深度"的最大值为"7"。图 4-1 中，树是对称图形，即变量"左转角度"与"右转角度"分别等于分叉角度的一半。

2. 自制"tree"积木

制作一个积木"tree"，包含两个参数："深度"和"长度"。绘制"树"的流程图如图 4-3 所示。

（1）使用"将笔的粗细设为（ ）"积木和"（ ）×（ ）"积木，将变量"深度"设为"深度 ×2"（积木"tree"的参数），即树枝的粗细与"深度"有关，"深度"

Scratch 3.0 艺术进阶

的值越大表示越接近树干，树枝越粗，整棵树的枝叶也越茂密。

（2）使用"将笔的亮度设为（）"积木和运算积木，设置参数为"100-10×深度"，意味着树枝的亮度与"深度"有关，"深度"的值越大，越接近树干，亮度越深，亮度值越小。

（3）使用"落笔"积木，开始画线。

（4）使用"移动（）步"积木，设置参数为"长度"（积木"tree"的参数），画出这一层深度的树枝。

（5）使用"如果 <> 那么……否则"积木，设置参数为"深度=0"，用来判断"深度"值是否为0。

如果条件成立，说明已经到了最后一层，则使用"图章"积木，显示树叶；再使用"右转（）度"积木，设置参数为"180°"，然后执行步骤（11）。

如果条件不成立（否则），执行步骤（6）至步骤（10）。

（6）使用"左转（）度"积木，设置参数为变量"左转角度"，用来画左边的分支。

（7）调用自制积木"tree"，将"深度"设为"深度-1"，将"长度"设为"长度×0.8"。这一步即递归。对于左分支，有一个同样的结构，不同之处在于这个子结构的"深度"减小了1层，"长度"也缩短为0.8倍。

（8）使用"右转（）度"积木和"（）+（）"积木，设置参数为"左转角度+右转角度"，用来画右边的分支。因为前面已经左转了一个角度"左转角度"，因此需要右转"左转角度"，还原到原先的方向后，再右转指定的角度"右转角度"。

（9）调用自制积木"tree"，将"深度"设为"深度-1"，将"长度"设为"长度×0.8"，其原理与步骤（7）相同。

（10）使用"右转（）度"积木和"（）-（）"积木，设置参数为"180-右转角度"。

（11）使用"抬笔"积木抬笔，结束绘制。

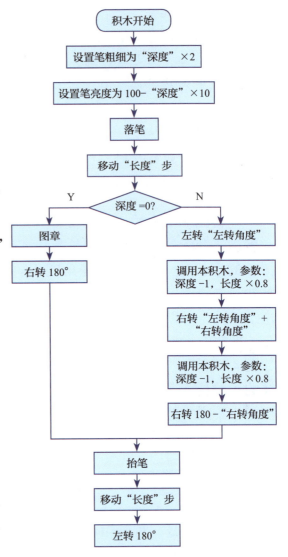

图 4-3　绘制"树"的流程图

（12）使用"移动（）步"积木，设置参数为"长度"（自制积木"tree"的参数），这一步的作用是返回分支前的位置。在步骤（5）和步骤（10）中，都有回头的旋转操作，这一步移动的操作便是走回原地。

（13）使用"左转（）度"积木，设置参数为"180"，使角色"树叶"调整回原先的方向，做好下一次绘制的准备。

如图4-4所示为自制积木"tree"的代码。

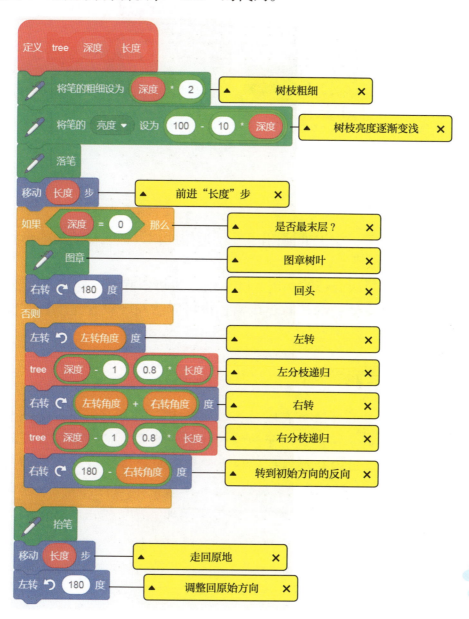

图4-4 自制积木"tree"的代码

3. 主程序

设计主程序，调用自制积木"tree"绘制树，将"深度"设为"7"，将左右方向的旋转角度均设为"35"，代码如图 4-5 所示。

图 4-5 主程序的代码

【验证程序】

单击 ▶ 按钮，舞台正中间画出了一棵挺拔的树，但当前的树的形状过于刻板，分枝的角度一成不变。

修改程序，让每次分枝的角度为随机值，也可以除了"深度＝0"外，在其他深度也加上树叶，使树的枝叶更茂密，也可以给树叶设置亮度特效使之更有层次感。

【"老司机"留言】

递归是一种常见的算法，表现为函数（积木）的自身调用，将一个大规模问题转化为小规模的子问题，而子问题的实现方法与大问题相同，目的就是使代码简洁、易实现。递归会用到一种称为"栈"的数据结构。但递归也有缺点，一是执行速度较慢，二是会造成栈溢出，使程序崩溃。递归需要有结束条件（边界），否则会造成死循环。本节中的"如果（深度）=0"便是结束条件。

4.2 湖光倒影

分行接绮树，倒影入清漪。——王维
澄澜方丈若万顷，倒影咫尺如千寻。——白居易夏日的夜晚，伫立在湖边，清风袭来，湖面泛起丝丝涟漪，平静安详，一幅令人陶醉的画面，如图 4-6 所示。这幅画的神奇之处在于，它不是一幅静态的画，映在湖中的倒影随风而动。用程序完成这样一幅画面，无疑是激动人心的，相信你已经亟不可待了。

图 4-6　湖光倒影

单纯实现一个倒影，似乎并不算太难，但波动的涟漪怎么实现呢？

这样一个程序规模不小，涉及物理和数学知识，分解成三个任务：正弦曲线、长方形倒影和组合风景画，每个任务都可以成为一个独立的作品，按照这个顺序依次完成后，就能用 Scratch 来实现湖光倒影两相宜的景色了。

任务 24　绘制一条动态正弦曲线

【艺术效果】

正弦曲线是实现涟漪效果的基础。如图 4-7 所示为一条正弦曲线。

图 4-7　正弦曲线

Scratch 3.0 艺术进阶

【设计思路】

正弦曲线是圆形在横轴上展开的效果如图 4-8 所示。一个点绕圆周旋转，y 轴方向上的值是角度的正弦与圆半径的乘积，正弦曲线的振幅等于圆的半径，周期则是旋转一周的时间。使用"移到 x：（　）y：（　）"积木，将画笔移到（x，$\sin$ 角度 × 振幅），即 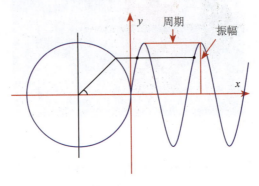。将 x 不断增加，并且增加"角度"值，就可以画出一条正弦曲线了。

图 4-8　圆形展开为正弦曲线

【实现步骤】

绘制正弦曲线的流程图如图 4-9 所示。

第一步　绘制一条正弦曲线。

（1）新建一个"点"角色。

（2）创建公有变量"振幅"和"n"，"n"代表角度，相当于圆的角度，n 值变化的大小决定曲线的周期。隐藏变量。

（3）使用"当 🚩 被点击"积木，启动程序。

（4）使用"隐藏"积木，将"点"角色隐藏起来。

（5）使用"全部擦除"和"抬笔"积木，清空屏幕。

（6）使用"移到 x：（　）y：（　）"积木，将"点"角色移到（0，0）的位置。

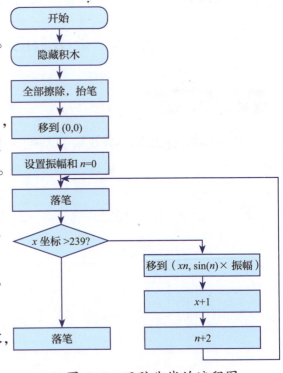

图 4-9　正弦曲线的流程图

(7)使用"将我的变量设为( )"积木,将变量"振幅"的参数设为"100",即曲线的振幅为 100。

(8)使用"将我的变量设为( )"积木,将变量"n"的参数设为"0",代表变量"n"的初始值为 0,后面要增加变量"n"的值来计算正弦值。

(9)使用"落笔"积木,开始绘制。

(10)使用"重复执行直到 <>"积木,设置一个条件循环,其参数为"x 坐标 >239",即判断画笔是否移动到了屏幕右侧边缘位置。

如果条件满足,则循环结束,执行步骤(14)。

如果条件不满足,则继续循环,执行步骤(11)至步骤(13)。

(11)使用"移到 x:( ) y:( )"积木,将画笔移到坐标位置(x 坐标, $\sin n \times$ 振幅),即按照正弦曲线公式计算出的坐标位置。

(12)使用"将 x 坐标增加( )"积木,设置 x 坐标增加"1"。

(13)使用"将我的变量增加( )"积木,将变量"n"的增加值设为"2"。

(14)使用"抬笔"积木,结束正弦曲线的绘制。

如图 4-10 所示为正弦曲线的代码。

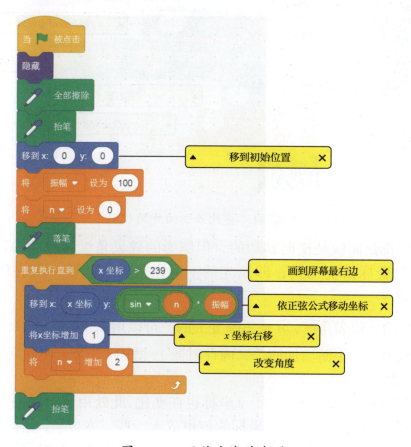

图 4-10　正弦曲线的代码

Scratch 3.0 艺术进阶

第二步 让正弦曲线波动起来。

想让正弦曲线波动起来，应新建一个变量"相位"，把画正弦曲线的代码做成一个积木"正弦曲线"，并勾选"运行时不刷新屏幕"，根据相位的变化，不断调用自制积木"正弦曲线"，并重复执行"全部擦除"——"相位"+1——"正弦曲线"积木指令。由于变量"相位"的值是不断增加的，这时，使用自制积木"正弦曲线"绘制出的曲线的视觉效果就是移动的。

制作一个自制积木 正弦曲线 ，更改正弦曲线的代码，如图 4-11 所示。

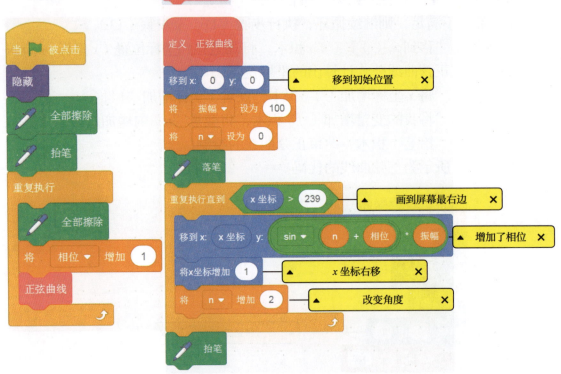

图 4-11 更改正弦曲线的代码

此时的正弦曲线是横向移动的，但倒影的效果是纵向移动的，所以，代码中，横纵坐标需要互换，即原先的 y 坐标是正弦函数，现在的 x 坐标成了正弦函数。

代码中的 n 代表角度，n 是不断变大的，可以用积木 计时器 来实现。因为计时器的数值总是不断增加的，又因计时器 1s 增加 1，为了使周期缩短，可以将其放大（如乘 200）。

变量"相位"是变化的，由于 y 坐标也在变化，此处用 y 坐标来代替"相位"，为了使波形周期短一些，将 y 坐标的值也放大一些，变成"y 坐标 ×20"。

优化后的正弦曲线代码如图 4-12 所示，显示效果如图 4-13 所示。

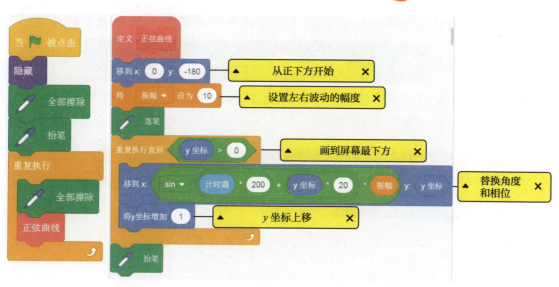

图 4-12　优化后的正弦曲线代码

【验证程序】

单击 🚩 按钮，启动程序，屏幕动态的正弦曲线如图 4-13 所示。

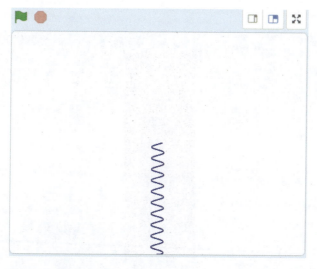

图 4-13　优化后的显示效果

【"老司机"留言】

对于不同的 y 坐标，x 坐标会根据正弦函数计算出一个偏移量，y 坐标在 $-180 \sim 0$ 的范围内，每一行 x 坐标的偏移有所不同，总体呈现出正弦曲线的

规律,随着时间的变化不断绘制新的正弦曲线并刷新屏幕,呈现动态的效果。

对于这条指令 ,将 x 坐标上的表达式放入变量"x 偏移量"中,则这条指令可以表示成如图 4-14 的形式,这个方法在后面的任务中会使用。

图 4-14 放入变量"x 偏移量"

▶ 任务 25 绘制长方形及其倒影

【艺术效果】

如图 4-15 所示为长方形及其倒影的艺术效果。

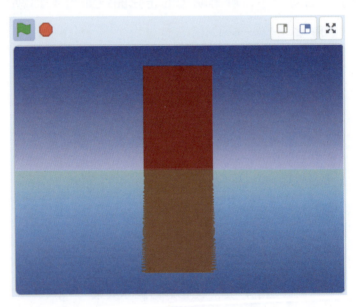

图 4-15 长方形及其倒影

【设计思路】

如图 4-16 所示,将屏幕平分为上、下两个半区,完成背景、本体及倒影的绘制,给下半区增加透明度。

1. 背景

采取逐行扫描的方式绘制背景，上半区就好比刷墙，从上向下，一排排刷下来，而下半区则是从下向上一行行刷上去。由于上、下半区是对称的，只需要一个变量来表示画图的方向，例如，变量"dir"代表方向，dir=1 时表示画上半区，dir= -1 时表示画下半区，如果上半区的 y 坐标变化值为 dir，则下半区的 y 坐标变化值就是 $-1 \times$ dir。上、下半区另一个不同的地方就是涟漪了，下半区才有涟漪，因此在绘制时，需要新建一个变量来实现涟漪波纹。

2. 本体及倒影

把长方形及其倒影分别看作本体和倒影波纹。本体和倒影波纹以中间的水平线镜像排列，如果在上方（x,y）的位置有一个点，则在下方（$x,-y$）的位置也会有一个同样的点。分别绘制本体及其倒影，倒影叠加正弦曲线，呈现波纹效果。

3. 下半区透明度

下半区用带透明度的画笔覆盖一层颜色，呈现出与上半区不同的颜色效果，更贴近水中的倒影效果。

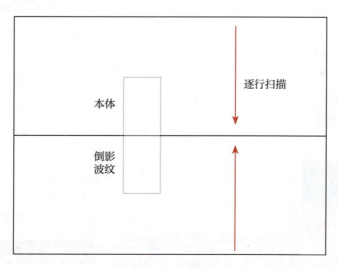

图 4-16　屏幕分区

【实现步骤】

第一步　新建公有变量。

"y 坐标"：画图时存放 y 坐标值。

"x偏移量"：左右方向的偏移量，设置不同的偏移量形成涟漪的效果。

> 第二步 自制积木"景物"。

制作一个积木"景物" 景物 方向 dir 波纹幅度 amp 计时器 timer ，设置三个参数，勾选"运行时不刷新屏幕"。

dir：方向，代表上半区或下半区。dir=1，代表上半区的本体；dir=-1，代表下半区的倒影。

amp：波纹幅度，其参数值代表波纹幅度的大小。amp=0，表示无波纹，用于上半区的本体程序。

timer：计时器，利用计时器的不断变化，实现正弦曲线的周期性变化。

> 第三步 设计主程序。

（1）使用"当 ▶ 被点击"积木，启动程序。
（2）使用"隐藏"积木，将"点"角色隐藏起来。
（3）使用"全部擦除"积木，清空屏幕。
（4）使用"重复执行"积木，设置一个循环，重复执行两条指令：使用自制积木"景物"，设置上半区的参数：dir 的参数为"1"，amp（波纹幅度）的参数为"0"，timer 的参数为"计时器"；下半区的参数：dir 的参数为"-1"，amp（波纹幅度）的参数为"0.03"，timer 的参数为"计时器"。

主程序的代码如图 4-17 所示。

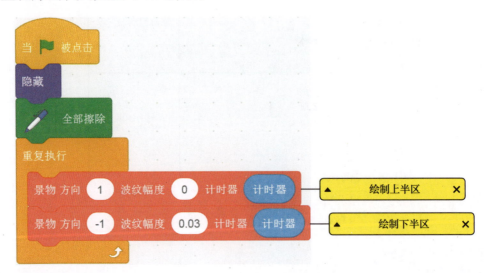

图 4-17 主程序的代码

> 第四步 绘制背景。

绘制的原理：用蓝色填充整个屏幕，伴以饱和度的变化。

绘制的代码：如图4-18所示为绘制背景的代码。

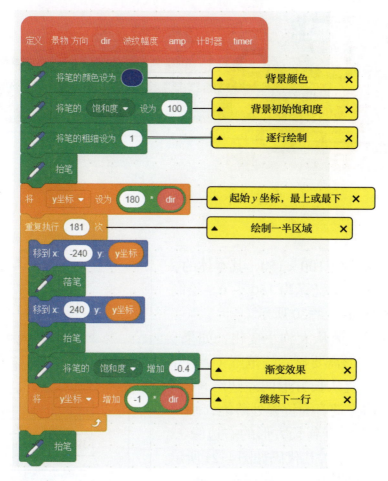

图4-18　绘制背景的代码

第五步　绘制本体和倒影。

1. 绘制原理

上半区从上至下逐行绘制，下半区从下至上逐行绘制。上、下半区的不同之处只在于，当绘制景物时，对景物的 x 坐标需要增加一个偏移量，不同 y 坐标位置的 x 方向偏移量按照正弦曲线的原理有所不同，从而形成涟漪的效果。

新建一个变量"x 偏移量"，将其设置为与"timer"和"y 坐标"相关的值，并将其加到景物的 x 坐标上，如图4-19所示。

变量"相位"换成了"y 坐标 × y 坐标"，会产生与"y 坐标 × 20"不同的效果。

对于偏移量的幅度值，这里设置为"y 坐标 × amp"，尽可能模拟真实的效果。从我们的视角看过去，离景物越近的倒影（意味着 y 坐标绝对值比较小）的左右偏移值，会比离景物较远（意味着 y 坐标绝对值比较大）的左右偏离值小。

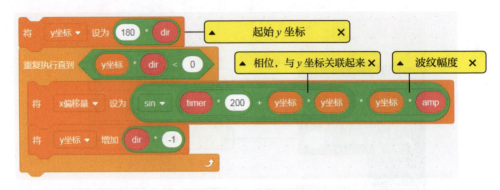

图 4-19 x 偏移量代码

2. 绘制长方形

长方形的大小为 100×150，其本体的 x 坐标为 -50～50，y 坐标为 150～0。绘制长方形的流程图如图 4-20 所示。

y 坐标的绝对值从大到小变化，如果 y 坐标进入了长方形需要显示的范围（y 坐标绝对值 <150），就从长方形的左边缘 +x 偏移量（-50+x 偏移量）的位置处落笔，画一条指定颜色的直线直到长方形的右边缘 +x 偏移量（50+x 偏移量），其代码如图 4-21 所示。

本体与倒影的代码总览如图 4-22 所示。

第六步 设置下半区透明度。

在背景和景物绘制结束后，需要对下半区"贴"上一层滤镜，增加画面的美感，即用一行一行有透明度的画笔将下半区画满。其代码如图 4-23 所示，应置于图 4-22 的代码下方。

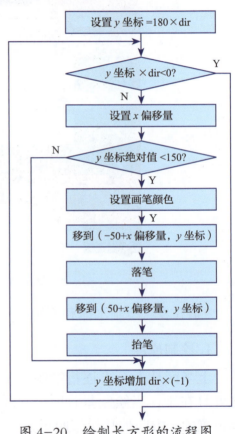

图 4-20 绘制长方形的流程图

【验证程序】

单击 🚩 按钮，启动程序，长方形的倒影随着水波摇曳。

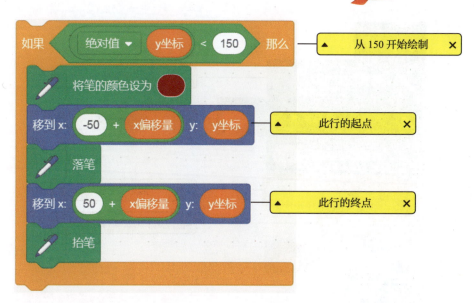

图 4-21 长方形的代码

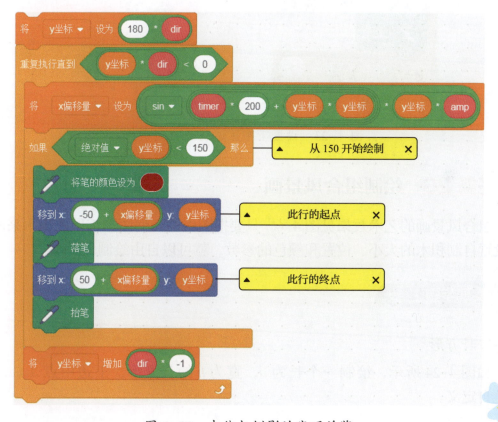

图 4-22 本体与倒影的代码总览

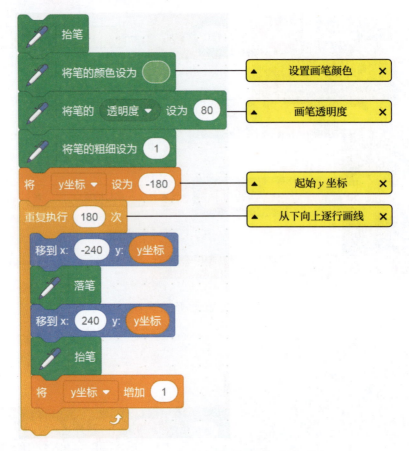

图 4-23 设置下半区透明度的代码

▶ 任务 26　绘制组合风景画

组合风景画的艺术效果见图 4-6。只要把图中的几何图形都做成积木来调用，再设置自制积木的大小、位置和颜色的参数，就可以自由绘制风景画了。

【实现步骤】

1. 长方形

如图 4-24 所示，绘制一个长为 a，宽为 h 的长方形，上边中点 $A(x, y)$，颜色自定义。

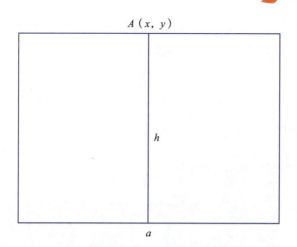

图 4-24 长方形

长方形的长度为 a，则左顶点的 x 坐标为 $x-a/2$，右顶点的 x 坐标为 $x+a/2$。

创建一个"长方形"积木 ，并勾选"运行时不刷新屏幕"。其中，x——上边中点的 x 坐标；y——上边中点的 y 坐标；h——长方形的宽度；a——长方形的长度；c——画笔的颜色；s——画笔的饱和度；b——画笔的亮度。

注意：scratch 3.0 的颜色作为积木参数时，需要以数字形式，即以颜色、饱和度、亮度的数值来定义画笔的颜色。

自制积木"长方形"的代码如图 4-25 所示。

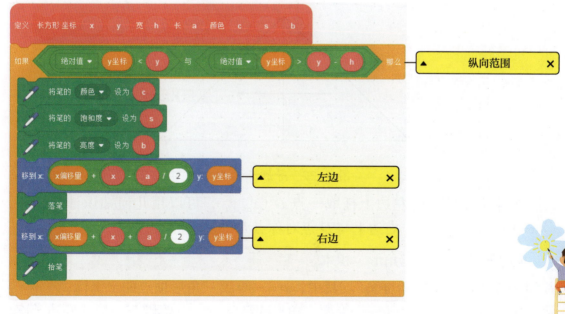

图 4-25 自制积木"长方形"的代码

"长方体"积木自制完成后,将图4-22中的长方形代码更改为图4-26所示的代码。"长方形"积木中的参数"坐标0,150"代表长方形上边中心点的坐标是(0,150),"宽150"代表长方形的宽,"长100"代表长方形的长,"颜色0,100,70"三个参数构成长方形的颜色。

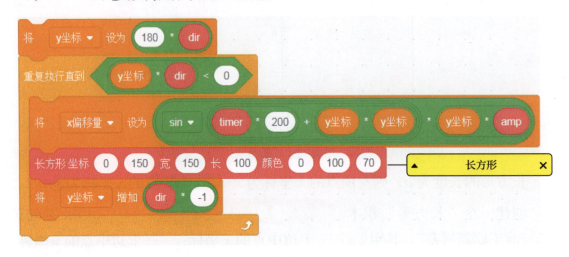

图4-26 长方形更改后的代码

2. 等腰三角形

如图4-27所示,绘制一个顶点坐标为(x,y),高为h,底边为a的等腰三角形。

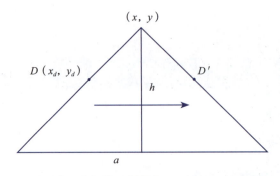

图4-27 等腰三角形

在等腰三角形的左边上任取一点$D(x_d,y_d)$,可以用几何知识计算出来,$x_d=x-(y_d-y)×(a÷h/2)$;右边上与D点对称点D'的坐标则为$x+(y_d-y)×(a÷h/2)$。

创建一个"等腰三角形"积木 等腰三角形 顶点 x y 高 h 底边 a 颜色 c s b ,并勾选"运行时不刷新屏幕"。其中,x——等腰三角形顶点的x坐标;y——等腰三角形顶点的y坐标;h——等腰三角形的高度;a——等腰三角形的底边长度;

c——画笔的颜色；s——画笔的饱和度；b——画笔的亮度。

自制的"等腰三角形"积木的代码如图4-28所示。

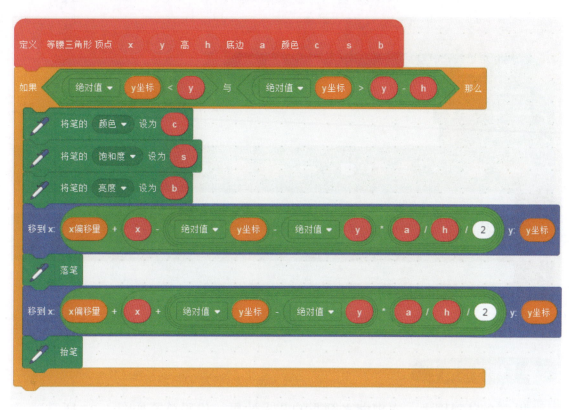

图4-28 等腰三角形的积木代码

3. 圆和椭圆

如图4-29所示，绘制一个长轴半径为a，短轴半径为b的椭圆。当$a=b$时，即为一个圆。

由于要逐行扫描，不能使用以前学过的参数方程，此处要使用椭圆的标准方程 $\frac{x^2}{a^2} + \frac{y^2}{b^2} = 1$。

图4-29 椭圆

假设中心点坐标为（0,0），在a，b，y确定的情况下，$x=\sqrt{a^2(1-y^2/b^2)}$。对于给定中心点坐标（x，y），则左弧的x坐标：$x_d = x - \sqrt{a^2(1-(y_d-y)^2/b^2)}$。右弧的$x$坐标：$xd = x + \sqrt{a^2(1-(y_d-y)^2/b^2)}$。

创建一个"椭圆"积木 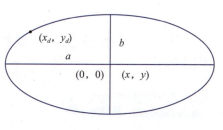，并勾选"运行时不刷新屏幕"。其中，x——椭圆中心点的x坐标；y——椭圆中心点的y坐标；a——长轴半径；h——短轴半径；c——画笔的颜色；s——画笔的饱和度；b——

画笔的亮度。

自制的"椭圆"积木的代码如图4-30所示。

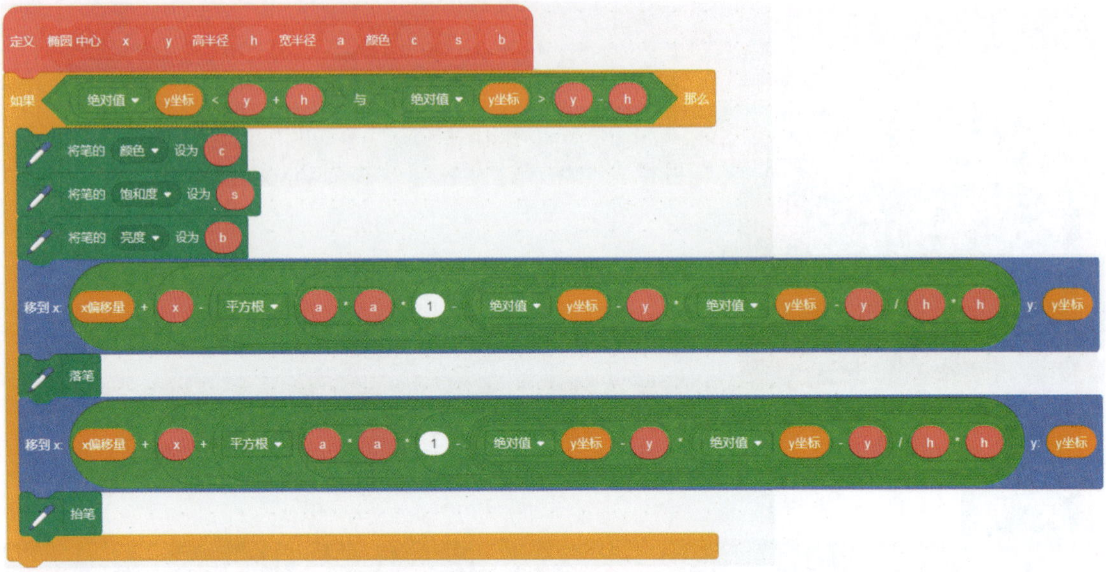

图4-30 椭圆的积木代码

【代码总览】

用三个自制积木，实现湖光倒影的艺术效果。代码总览如图4-31所示。

【验证程序】

使用"当 ▶ 被点击"积木，启动程序，一幅组合风景画"湖光倒影"就呈现出来了。

【思路拓展】

在主程序中，有这样一条指令

尝试修改一下"波纹幅度"和"计时器"的值，看看有什么变化。

想想看，如果想让这轮明月从湖面上徐徐上升，应该怎么样修改代码呢？

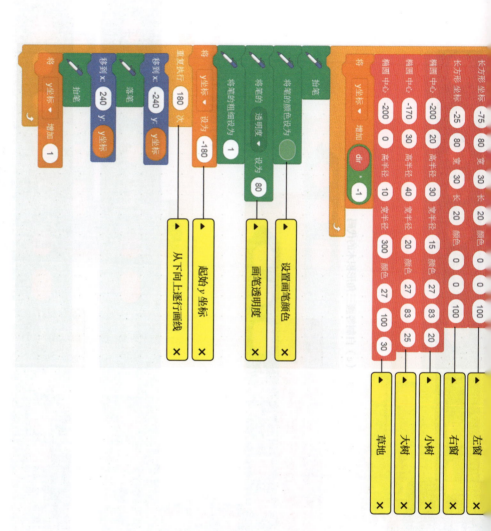

(e) 背景、景物、倒影和下半区滤镜的代码

图 4-31 代码总览（续）

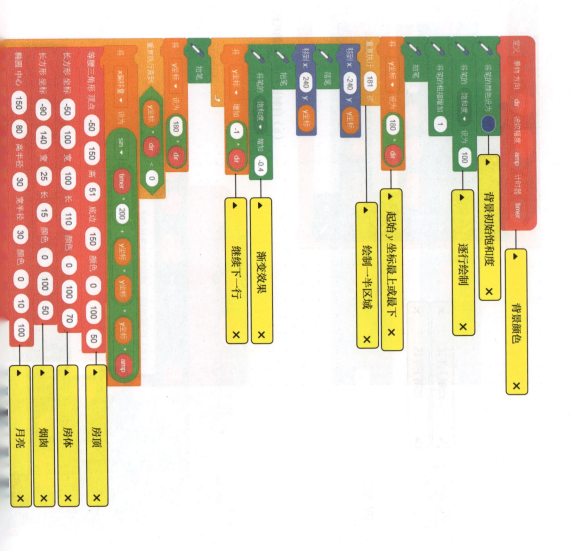